Das Tierreich

IV/3

Insekten

Von

Dr. H. v. Lengerken

em. o. Professor, Weingarten/Württ.

Zweite, neubearbeitete Auflage

Mit 59 Abbildungen

Sammlung Göschen Band 594

Walter de Gruyter & Co. · Berlin 1966

vormals G. J. Göschen'sche Verlagshandlung · J. Guttentag, Verlagsbuchhandlung · Georg Reimer · Karl J. Trübner · Veit & Comp.

 — Archiv-Nr. 7821660 — Druck: W. Hildebrand, Berlin. — Printed in Germany.

DAS TIERREICH

IN DER SAMMLUNG GÖSCHEN

ist wie folgt gegliedert:

Bd. I. Einzeller.

Bd. II. Schwämme und Hohltiere.

Bd. III. Plattwürmer, Hohlwürmer, Kamptozoen, Schnurwürmer, Ringelwürmer, Protracheaten, Bärtierchen und Zungenwürmer.

Bd. IV. 1. Gliederfüßler: Krebse.

Bd. IV. 2. Gliederfüßler: Trilobitomorphen, Fühlerlose und Tracheenatmer: Tausendfüßler.

Bd. IV. 3. Gliederfüßler: Insekten.

Bd. V. Weichtiere.

Bd. VI. Stachelhäuter, Tentakulaten, Binnenatmer und Pfeilwürmer

Bd. VII. 1. Chordatiere: Manteltiere, Schädellose, Rundmäuler.

Bd. VII. 2. Chordatiere: Fische.

Bd. VII. 3. Chordatiere: Lurche.

Bd. VII. 4. Chordatiere: Kriechtiere.

Bd. VII. 5. Chordatiere: Vögel.

Bd. VII. 6. Chordatiere: Säugetiere.

STÄMME DES TIERREICHES

1. Urtiere *(Protozoa)*
2. Schwämme *(Spongia)*
3. Hohltiere *(Coelenterata)*
4. Plattwürmer *(Plathelminthes)*
5. Hohlwürmer *(Aschelminthes)*
6. Schnurwürmer *(Nemertini)*
7. Kamptozoen *(Kamptozoa, Entoprocta)*
8. Ringelwürmer *(Annelida)*
9. Protracheaten *(Protracheata, Onychophora)*
10. Bärtierchen *(Tardigrada)*
11. Zungenwürmer *(Linguatulida)*
12. Gliederfüßler *(Arthropoda)*
13. Weichtiere *(Mollusca)*
14. Stachelhäuter *(Echinodermata)*
15. Tentakulaten *(Tentaculata)*: Armfüßler *(Brachyopoda)* und Moostierchen *(Bryozoa)*
16. Binnenatmer *(Enteropneusta)*
17. Pfeilwürmer *(Chaetognatha)*
18. Chordatiere *(Chordata)*

INHALT

von Bd. IV/3

12. Stamm Gliederfüßler *(Arthropoda)*,
    1. Krebse *(Branchiata, Crustacea)*,
    2. Trilobitomorphen *(Trilobitomorpha)*,
    3. Fühlerlose *(Chelicerata)*,
    4.[1] Tracheenatmer *(Tracheata, Antennata)*,
       Klasse Tausendfüßler *(Myriopoda)*,
       Klasse **Insekten, Kerbtiere** *(Insecta, Hexapoda)*.

INSEKTEN, KERBTIERE, SECHSFÜSSLER (*Insecta, Hexapoda*)

Die Insekten, Kerbtiere oder Sechsfüßler, *Insecta*, sind bilateralsymmetrische[2]), ungleichartig (heteronom) segmentierte, durch Tracheen atmende Arthropoden mit chitinigem Außenskelett (Ektoskelett) und gegliederten Extremitäten.

Die Insekten verkörpern die artenreichste Tiergruppe. Nach Art- und Individuenzahl beherrschen sie die geologische Gegenwart, so daß man diese als Zeitalter der Insekten bezeichnen kann in demselben Sinne, wie man etwa von einer Epoche der Saurier spricht. Die Artenzahl ist auf etwa 750000 zu schätzen, davon werden allein in Deutschland 27900 Arten gezählt. Im Vergleich zur unübersehbaren Formenfülle der Höheren Insekten (*Pterygota*) fällt die Artenarmut der Niederen Insekten (Urinsekten, *Apterygota*) auf.

Die Kerbtiere haben sich alle Lebensräume, selbst die Luft, erobert und fehlen nur dem hohen Ozean. Ihre Jugendstände leben vielfach im Wasser. Als Erwachsene [Imagines[3])] erweisen sie sich (z. B. Schwimmkäfer) als sekundär an das Wasser angepaßt. Viele sind Ekto- oder Entoparasiten (Außen- oder Innenschmarotzer) von Pflanzen und Tieren. In Beziehung zu den außerordent-

[1]) 1—4 Unterstämme.

[2]) = zweiseitig symmetrisch, das heißt, ihr Körper läßt sich durch eine Mittelebene (Medianebene) in nur zwei spiegelbildlich gleiche Hälften zerlegen.

[3]) = Einzahl: Imago.

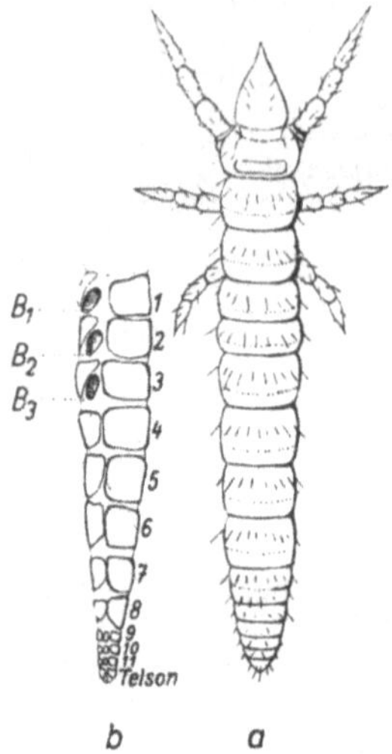

Abb. 1. Das fast homonom gegliederte, primär flügellose Urinsekt *Eosentomon*. — *a* von oben, — *b* dessen Hinterleib seitlich gesehen mit 11 Segmenten + Endstück (*Telson*), Segment 1—3 mit Resten von Abdominalfüßen $B_1 - B_3$. (*a* nach Berlese, *b* nach Prell.)

lich verschiedenen Lebensumständen und der damit verbundenen Anpassungsfähigkeit sind Körpergestalt und Organisation sehr mannigfaltig. Stammesgeschichtlich (phylogenetisch) dürfen wir uns die Gliederfüßler von ringelwurmartigen Vorfahren abgeleitet denken. Der Entwicklungsweg könnte vielleicht über die Tausendfüßler zu Formen, die den Urinsekten ähnlich waren und von solchen zu den höheren Kerbtieren geführt haben. Jedenfalls erinnern die Urinsekten mit ihrer oft beinahe gleichartigen (homonomen) Körperringelung äußerlich an die Tausendfüßler (Abb. 1) und diese wieder an die Ringelwürmer. Auch in bezug auf den inneren Bau, wie Hautmuskelschlauch, Strickleiter-Nervensystem u. a. Merkmale, klingen die Insekten an die Organisation der Anneliden an.

A. ALLGEMEINER TEIL

a) DER KÖRPERBAU DER INSEKTEN

I. Die äußere Gestalt des Körpers

Während am Körper der Tausendfüßler (*Myriopoda*) nur Kopf und Rumpf zu unterscheiden sind, besteht der Leib der Insekten aus drei voneinander meist deutlich durch Einkerbungen [Kerbtiere[1]] getrennten Regionen: Kopf, Brust und Hinterleib, deren Abgrenzungen nur selten verwischt sind (Abb. 2).

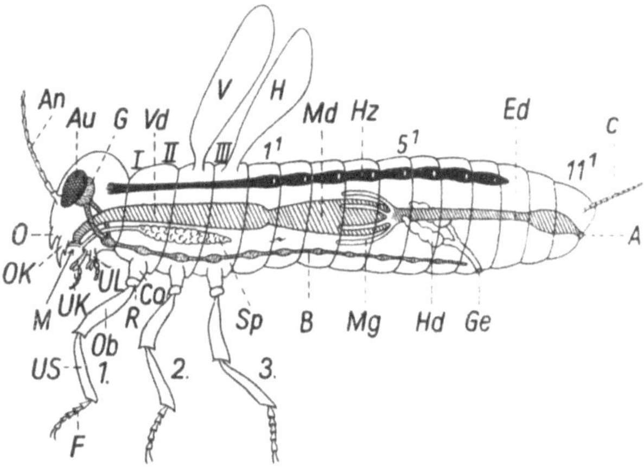

Abb. 2. Allgemeine Organisation eines Insektes. — *A* After, *An* Antenne, *Au* Auge, *B* Bauchmark, *C* Raif (*Cercus*), *Co* Hüfte (*Coxa*), *Ed* Enddarm, *F* Fuß (*Tarsus*), *G* Gehirn, *Ge* Genitalöffnung, *H* Hinterflügel, *Hd* Hoden, *Hz* Herz, *M* Mund, *Md* Mitteldarm, *Mg* Malpighische Gefäße, *O* Oberlippe, *Ob* Oberschenkel (*Femur*); *Ok* Oberkiefer, *R* Schenkelring (*Trochanter*), *Sp* Speicheldrüse, *Uk* Unterkiefer, *Ul* Unterlippe, *Us* Unterschenkel (*Tibia*), *V* Vorderflügel, *Vd* Vorderdarm, 1.—3. Brustextremitäten, 1', 5', 11' Bauchsegmente (*Abdomen*), I—III Brustsegmente (*Thorax*).

Aus der Keimentwicklung geht hervor, daß der Körper des Embryo ursprünglich aus höchstens 20 Segmenten (Metameren, Abb. 3) besteht, von denen 6[2]) (+ Acron = Kopfstück) auf den Kopf (Abb. 4), 3 auf die Brust und 11 [+ Telson = Endstück[3])] auf den Hinterleib kommen. Das erwachsene Insekt zeigt selten die volle Zahl der Hinterleibsringe, wie es z. B. bei dem Urinsekt *Eosentomon*

---

[1]) Lat. *Insecta* = griech. *Entoma* (davon Entomologie, Wissenschaft von den Kerbtieren) bedeutet gleichfalls: die Eingeschnittenen, Eingekerbten.

[2]) Bei der Stabheuschrecke *Carausius* nach Wiesmann: 7 Segmente.

[3]) = Aftersegment (Pygidium).

(Abb. 1) der Fall ist. Den meisten höheren Insekten ist eine Rückbildung des 11., 10., manchmal auch des 9. Segments eigentümlich.

1. Der Kopf (*Caput*) und seine Anhänge

Die vorderen Segmente (+ Akron) des Embryo (Abb. 4) verschmelzen zur festen Kopfkapsel, die das Gehirn birgt und als Ansatzfläche für die Kaumuskeln dient. Manchen Fliegenlarven (azephalen Maden) fehlt die Kopfkapsel. Abgesehen von den Augen (s. S. 45) trägt der Kopf ein Paar Antennen und drei Paar Mundgliedmaßen.

a) Die einpaarigen Antennen sind für Insekten und Tausendfüßler charakteristisch. Beide

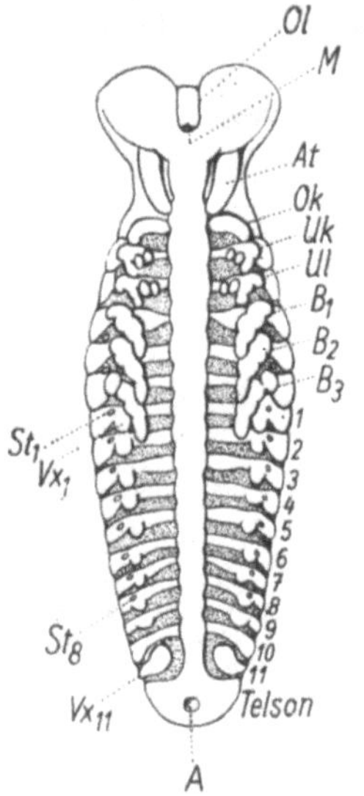

Abb. 3. Embryo eines Höheren Insektes. — *A* After, *At* Antenne, B_1—B_3 Brustbeine, *M* Mund, *Ok* Oberkiefer, *Ol* Oberlippe, St_1—St_8 Hinterleibsstigmen, *Uk* Unterkiefer, *Ul* Unterlippe, Vx_1—Vx_{11} Anlagen der Hinterleibsbeine, 1—11 Hinterleibssegmente.

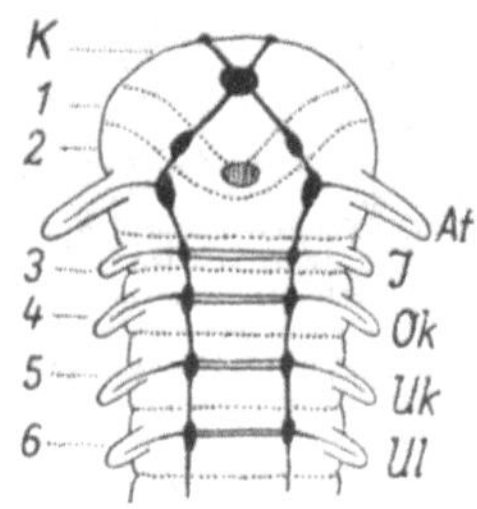

Abb. 4. Vorderende eines Embryo. — *At* Antennen, *I* Intercalarsegment, *K* Kopfstück (*Acron*), *Ok* Oberkiefer, *Uk* Unterkiefer, *Ul* Unterlippensegment, 1—6 Kopfsegmente. Nervensystem schwarz (in Anlehnung an Weber).

Gruppen werden daher als *Antennata* den mit zwei Paar Antennen ausgestatteten Krebsen oder *Diantennata* einerseits und den fühlerlosen Spinnenartigen oder *Chelicerata* andererseits gegenübergestellt. Die Antennen bestehen aus drei bis etwa 40 Gliedern und sind sehr vielgestaltig (Abb. 5). Sie sind Träger der Geruchssinnesorgane, das heißt, sie vermitteln als Chemorezeptoren die Wahr-

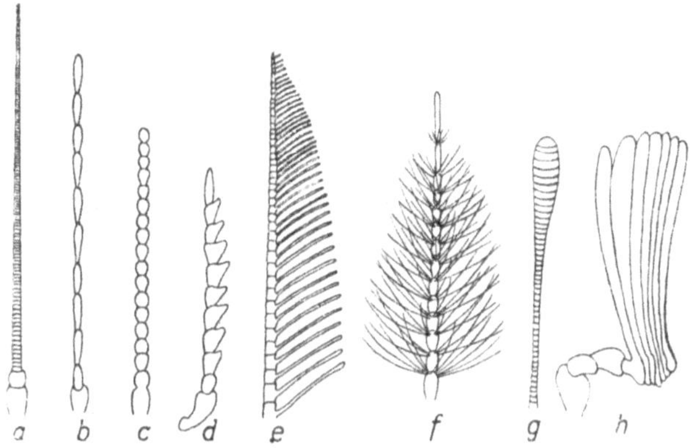

Abb. 5. Antennenformen. — *a* borsten-, *b* faden-, *c* perlschnurförmige. *d* gesägte, *e* kammförmige, *f* fiedrige (plumese), *g* keulenförmige, *h* geblätterte Antenne.

nehmung chemischer Reize (s. S. 41). In manchen Fällen haben sie außerdem als „Fühler" Tastfunktion. Die Antennen einiger ♂ Urinsekten dienen als Greiforgane (Abb. 6).

β) Die 3 Paar Mundextremitäten sind ihrer Herkunft nach gleichfalls echte Extremitäten und daher gegliedert. Sie umstellen die Mundöffnung (Abb. 2). Als Ganzes liegen sie entweder in der Verlängerung der Körperlängsachse (Prognathie) oder stehen auf dieser senkrecht (Orthognathie). Als ursprünglicher Typus sind die kauenden Mundwerkzeuge aufzufassen, die

Abb. 6. Greifantenne des ♂ Kugelspringschwanzes *Sminthurides aquaticus* (nach Handschin).

gerade bei niederen Kerbtieren und den Jugendformen der meisten Höheren Insekten auftreten und in ihrer Gestaltung sich an die Mundextremitäten der Tausendfüßler anschließen. Abgesehen von 1 Paar sekundär ungegliederter, mit Zähnen oder Kauleisten aufgestatteter *Oberkiefer*, sind paarige *Unterkiefer* vorhanden sowie 1 *Unterlippe*, die aus 2 ursprünglich getrennten Extremitätenanlagen entstanden ist, deren Basalteile miteinander verwuchsen. Jede Unterkieferhälfte trägt einen gegliederten Taster

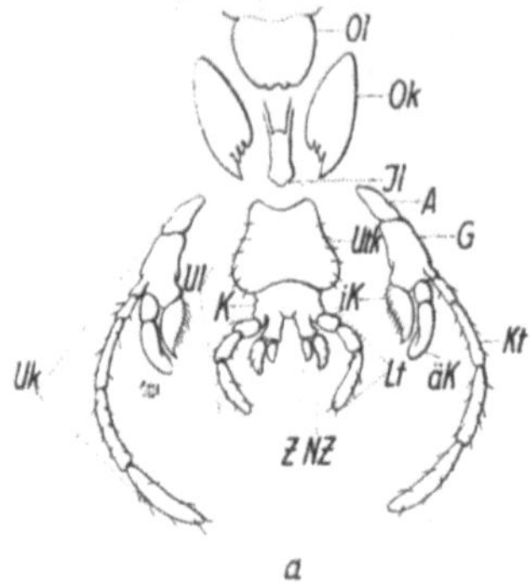

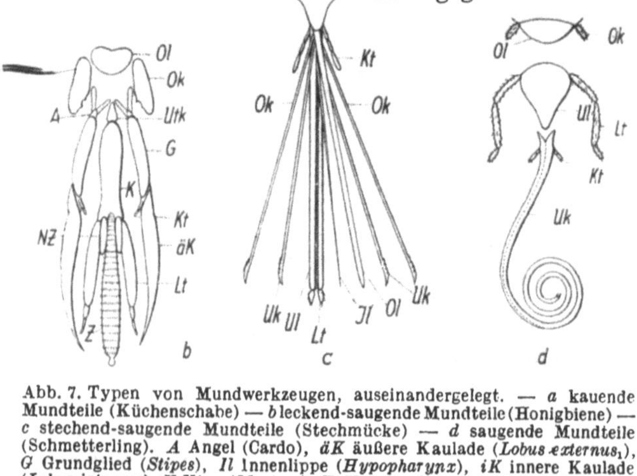

Abb. 7. Typen von Mundwerkzeugen, auseinandergelegt. — *a* kauende Mundteile (Küchenschabe) — *b* leckend-saugende Mundteile (Honigbiene) — *c* stechend-saugende Mundteile (Stechmücke) — *d* saugende Mundteile (Schmetterling). *A* Angel (Cardo), *äK* äußere Kaulade (*Lobus externus*$_1$), *G* Grundglied (*Stipes*), *Il* Innenlippe (*Hypopharynx*), *iK* innere Kaulade (*Lobus internus*), *K* Kinn (*Mentum*), *Kt* Unterkiefertaster (*Palpus labialis* + *P. maxillaris*), *NZ* Nebenzunge (*Paraglossa* + *Lobus externus*$_2$), *Ok* Oberkiefer (*Maxilla*$_1$), *Ul* Unterlippe (*Labium*, *Maxilla*$_2$), *Utk* (*Submentum*), *Z* Zunge (*Glossa*, *Lobus internus*$_2$).

sowie eine äußere und eine innere Kaulade. Entsprechend weist die Unterlippe 2 Taster sowie zwei innere und 2 äußere Laden auf, die hier als Zungen bzw. Nebenzungen bezeichnet werden (Abb. 7a). Die Oberkiefer, die feste Nahrung zerkleinern, sind ebenso wie die Unterkiefer horizontal gegeneinander beweglich. Unterkiefer und Unterlippe eignen sich wenig zum Kauen oder Beißen, vielmehr formen sie den Bissen schluckgerecht. Der Unterlippe kann noch eine *Innenlippe* aufliegen, deren Extremitätennatur zweifelhaft ist. Das Dach der Mundhöhle wird durch ein unpaares Chitinstück, eine Verlängerung der Stirn, die sogenannte *Oberlippe* gebildet (Abb. 7a), während die Unterlippe den Boden liefert. In Wechselwirkung zu der mannigfaltigen Ernährungsweise treten die Mundwerkzeuge in verschiedener Gesamtformung auf. Sie können aber immer auf die Grundform der kauenden Mundextremitäten zurückgeführt werden, so daß die Homologie[1]) der Einzelteile sich nachweisen läßt. Abgewandelte Typen zeigen der Funktion entsprechend starke Abänderungen der Bestandteile. Diese können gestreckt oder verkürzt sein und ihre Gliederung oder Anhänge verloren haben. — Die *leckend-saugenden Mundwerkzeuge* etwa einer Honigbiene (Abb. 7b) sind durch eine lange, einheitliche Zunge gekennzeichnet. — Die starkgestreckten *stechend-saugenden Mundteile* einer Stechmücke (Abb. 7c) bilden in ihrer Gesamtheit einen Stech-Saug-Rüssel. Ober- und Unterkiefer liegen als Stilette zusammen mit der borstenförmigen Innenlippe in der rinnenförmigen Unterlippe, während die lange Oberlippe von oben her die Rinne verdeckt. Die in Einzelheiten voneinander sehr abweichenden stechend-saugenden Mundapparaturen der Flöhe, Wanzen, Zikaden, Blattläuse u. a. lassen sich nicht von dem Stech-Saug-Rüssel der Mücken ableiten, sondern haben sich als selbständige Typen aus den kauenden Mundextremitäten ihrer Ahnen herausgebildet. — Die *saugenden Mundwerkzeuge*

[1]) = aus gleichen Anlagen hervorgegangen (morphologisch gleichwertig).

vieler Schmetterlinge (Abb. 7d) werden durch ein aufrollbares Saugrohr gekennzeichnet, das aus den zu zwei Halbröhren umgebildeten und fest aneinandergelegten Unterkiefern besteht. Oberkiefer und Unterlippe sind hier bis auf Reste zurückgebildet, während bei primitiven Schmetterlingen diese Teile noch im Sinne der kauenden Mundteile „ursprünglich" angetroffen werden. Zwischen beiden Ausbildungsextremen gibt es alle Übergänge. In manchen Fällen sind die Mundteile beinahe ganz verkümmert, wie z. B. bei den Imagines der Eintagsfliegen, den ♂♂ der Fächerflügler und den Larven der Honigbiene; den ♂♂ der Schildläuse fehlen sie völlig. Abseits steht der Mundapparat der kopflosen Fliegenmaden, der sich aus einem chitinigen, mehrstückigen Schlundgerüst und zwei vorstülpbaren Mundhaken zusammensetzt, die vielleicht den Oberkiefern gleichzusetzen, aber ebensogut Neubildungen sein können (Abb. 8). Die Unterlippe der Libellenlarven ist zu einem vorstreckbaren, in Ruhe eingeklappten Fangapparat umgewandelt (Abb. 9).

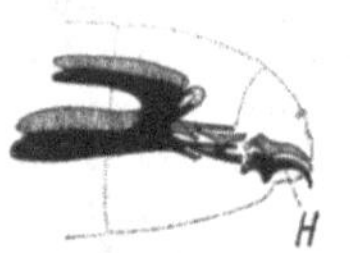

Abb. 8. Mundgerüst einer Fliegenlarve. — *H* Mundhaken.

2. Die Brust (der Thorax) und ihre Anhänge

Die Brust besteht aus drei Segmenten: *Vorder-*, *Mittel-* und *Hinterbrust*[1]) (Abb. 2). Jeder Ring setzt sich aus einem Rücken-, einem Bauchschild und Seitenschildern zusammen. Diese — wie auch die Segmente selbst — sind untereinander durch weiche Chitinhäute gelenkig verbunden. Bei manchen Urinsekten (Abb. 2), vielen ursprünglichen

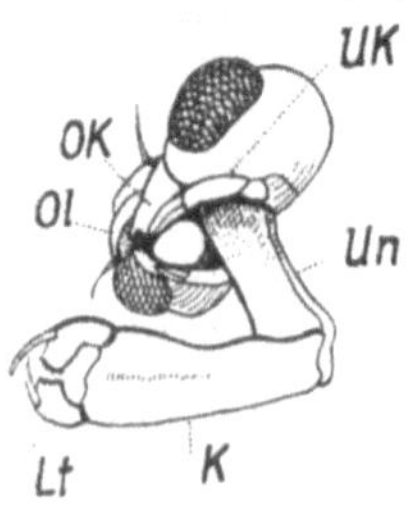

Abb. 9. Fangmaske einer Libellenlarve. — *K* Kinn, *Lt* Lippentaster, *Ok* Oberkiefer, *Ol* Oberlippe, *Uk* Unterkiefer, *Un* Unterkinn.

[1]) Pro-, Meso- und Metathorax.

Höheren Insekten (z. B. Eintagsfliegen) sind die Brustringe ziemlich homonom und frei beweglich. Jedes Segment trägt seitlich je ein Bein, so daß drei Paare vorhanden sind (Sechsfüßler). Mittel- und Hinterbrust der Pterygoten sind Träger der vier Flügel (Abb. 2). In Wechselbeziehung der verschiedenartigen Leistungen von Beinen und Flügeln zur Inanspruchnahme der Segmente verlieren diese ihre homonome Beschaffenheit. Mittel- und Hinterbrust, die die kräftigen Flugmuskeln der vorzüglich fliegenden Libellen bergen, sind bei diesen sehr stark entwickelt, die Vorderbrust ist dagegen sehr klein. Bei Käfern verwachsen Mittel- und Hinterbrust zu einer festen Kapsel, während die Vorderbrust frei bleibt. Da bei Zweiflüglern nur die Mittelbrust mit Flügeln ausgestattet ist, hat sich diese besonders kräftig entwickelt. Die Oberseite der Vorderbrust weist oft Hörner (Käfer) und sonderbare Anhänge (Zwergzikaden) auf.

a) Die sechs Brustbeine sind zwischen Seiten- und Bauchschildern bauchständig[1]) mittels Kugelgelenk inseriert[2]), während alle anderen Teile der Extremität sich durch Scharniergelenke bewegen. Das mit vielerlei Haaren und Dornen besetze Bein besteht aus *Hüfte*, *Schenkelring*, *Ober-*, *Unterschenkel* und *Fuß* (Abb. 2 und 12). Die Hüfte ist frei oder mit der Brust verwachsen. Der freie oder mit dem Oberschenkel vereinigte Schenkelring bildet den rotierenden kugeligen Gelenkkopf. Unterschenkel und Fußglieder sind bei Springschwänzen zum *Tibiotarsus* verschmolzen. Der ein- bis fünfgliedrige Fuß endet mit einer *Klaue* (Ungues), die meist zwei Krallen zeigt. Einkrallig sind z. B. Läuse und Springschwänze. Die Haftsohle der Fußglieder ist oft filzig behaart, oft treten kissenartige behaarte Haftläppchen zwischen den Krallen auf, oder es kann an gleicher Stelle je eine Haftblase vorgestülpt werden (Blasenfüßler). Ein Sekret erhöht die Haftfähigkeit dieser Einrichtungen. Eine dritte „Klaue"[3]) ist z. B. bei Springschwänzen ausgebildet. — Die Insekten

[1]) ventral. [2]) eingelenkt. [3]) Empodium.

sind meist Sohlengänger, die Larven höherer Kerbtiere laufen auf den Krallen.

Beim Gehen werden jeweils Vorder- und Hinterbein der einen und das Mittelbein der anderen Seite vorwärts bewegt (Abb. 10). Das vorgestreckte Vorderbein zieht, die beiden anderen Extremitäten drücken den Körper vorwärts. Die Larven Höherer Insekten (Raupen u. a.) bewegen die Beine paarweise, indem zuerst das hinterste und zuletzt das vorderste Paar vorwärts gesetzt werden. Die spannende Bewegung der Spannerraupe kommt zustande, indem diese die gesamten Brustbeine vorwärts setzt und dann das Hinterleibsende mit dem einzigen Afterfußpaar sowie den Nachschiebern unmittelbar hinter die Brustbeine setzt (Abb. 11). Manchen Mistkäfern (z. B. Pillendreher) fehlen die Vordertarsen: Die madenförmigen ♀♀ der Fächerflügler sind völlig fußlos, desgleichen viele Fliegenlarven u. a.

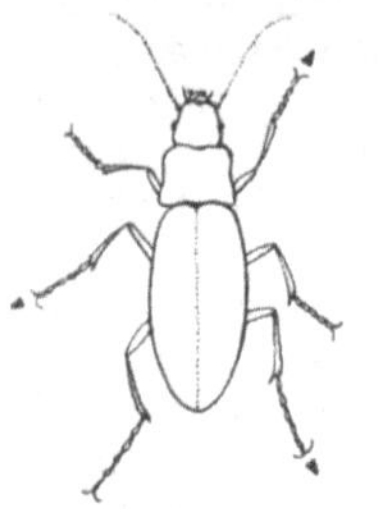

Abb. 10. Gehbewegung eines Käfers. Die markierten Beine sind vorwärts gesetzt (s. Text).

Die Gestaltung der Extremitäten steht in Wechselbeziehung zu ihrer Leistung. Es gibt folgende Beintypen: 1. *Gangbeine:* Alle drei Paare sind gleichartig ausgebildet (Abb. 12a). — 2. *Grabbeine:* Vorderextremitäten zu breiten Grabschaufeln umgestaltet (z. B. Maulwurfsgrille, Abb. 12b). Entsprechend ist die die Grabmuskeln bergende Vorderbrust sehr stark entwickelt. — 3. *Putzbeine:* Vorderextremität von Tagfaltern (*Vanessa*), stark behaart und krallenlos (Abb. 12c). — 4. *Schwimmbeine:* Vorwiegend Hinterextremitäten, die in der Längsachse stabilisiert sind, mit breitem seitlichem Haarbesatz als Ruderblatt. Beide Beine werden gleichzeitig stoßweise bewegt oder „paddelnd" benutzt (z. B. Gelbrand, Abb. 12d). —

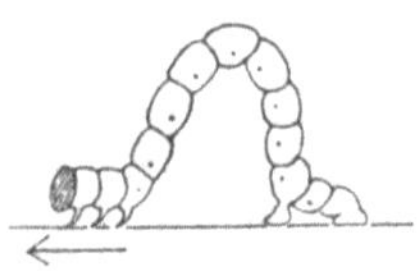

Abb. 11. Spannerraupe, spannend.

5. *Ruderbeine:* Allgemeine Verbreiterung der Mittel- und Hinterextremitäten [z. B. Taumelkäfer[1])]. Beim „Vorziehen" legen sich die Schwimmhaare eng zusammen, beim „Zurückführen" breiten sie sich flächig aus. — 6. *Sammelbeine:* Unterschenkel und erstes Fußglied der Hinterextremität von Honigbiene und Hummeln sind verbreitert und mit Sammelhaaren besetzt zum Eintragen von Pollen. Auf der Außenseite der Tibie eine mit Haaren umsäumte Grube „Körbchen", in die Pollen gesammelt

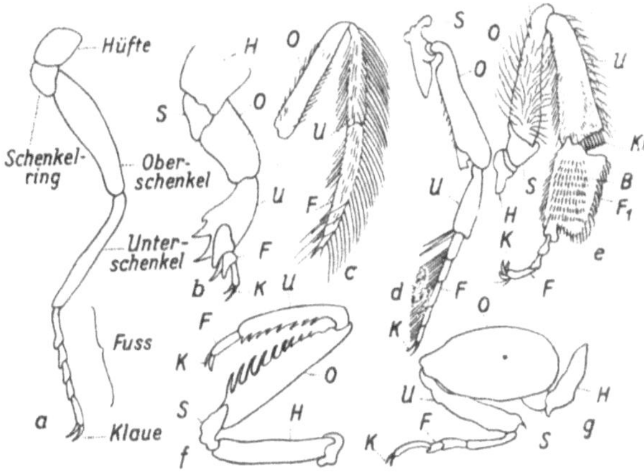

Abb. 12. Beinformen. — *a* Lauf-, *b* Grab-, *c* Putz-, *d* Schwimm-, *e* Sammel-, *f* Fang-, *g* Sprungbein. — *B* Bürste, *F* Fuß (*Tarsus*), F_1 1. Fußglied, *H* Hüfte (*Coxa*), *K* Klaue (*Ungues*), *Km* Kamm (*Pecten*), *O* Oberschenkel (*Femur*), *S* Schenkelring (*Trochanter*), *U* Unterschenkel (*Tibia*).

[1]) *Gyrinus*-Arten.

wird („Höschen"); die Unterseite des ersten Fußgliedes mit „Bürste" und der Oberschenkel mit langen Fiederhaaren, in denen Pollen beim Blütenbesuch hängenbleibt (Abb. 12e). – 7. *Raubbeine:* Vorderextremitäten, bei denen der bezahnte Unterschenkel gegen den bedornten Oberschenkel zum Einfangen der Beute messerklingenartig einschlagbar ist. Die Hüfte ist verlängert, der Fuß rückgebildet (z. B. Gottesanbeterin, Abb. 12f). – 8. *Sprungbeine:* Da beim Springen der Stützpunkt möglichst weit rückwärts verlagert werden muß, sind die Hinterbeine zu Sprungorganen dergestalt umgewandelt, daß die Oberschenkel stark verdickt auftreten und der stabförmige Unterschenkel als Sprunghebel dient (z. B. Flohkäfer, Abb. 12g, Heuschrecken, Floh). – 9. *Haftbeine:* Die drei ersten Fußglieder der Vorderextremitäten sind beim Gelbrand verbreitert und mit gestielten Saugnäpfen und Saughaaren zum Festhalten des ♀ ausgerüstet. – 10. *Spinnbeine:* Das kolbige erste Fußglied der Vorderextremitäten enthält Spinndrüsen, die einen Faden erzeugen, der von den Spinnbeinen zur Wohnröhre verarbeitet wird (z. B. Embien).

Putzapparate, an deren Bildung Unterschenkel und Fuß beteiligt sind, finden sich bei vielen Insekten. Das erste Fußglied der Vorderbeine der Honigbiene z. B. zeigt an der Innenkante einen halbkreisförmigen Ausschnitt nebst feiner Membran, dem ein Dorn des Unterschenkels gegenübersteht (Abb. 13). Der Dorn kann den zu reinigenden Fühler in der Rinne festhalten.

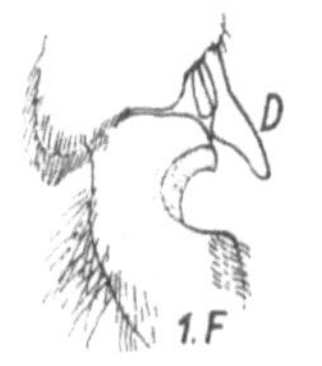

Abb. 13. Putzapparat der Honigbiene. — *1.F.* 1. Fußglied, *D* „Sporn" des Unterschenkels.

β) Die Flügel – im Höchstfall vier – gehen aus seitlichen paarigen Hautvorstülpungen hervor. Phylogenetisch können sie vielleicht von Paratergiten abgeleitet werden, wie sie sich als laterale Verbreiterungen an den Rückenschildern gewisser Urinsekten und z. B. der Silphidenlarven finden. Flügel treten nur an der Mittel- und Hinterbrust auf. Die beiden chitinigen Lamellen der Spreite werden von einem einschichtigen Epithel gebildet, das sich im Verlauf der Flügelaushärtung stark rückbildet oder ganz verschwindet, so daß die beiden Chitinlamellen

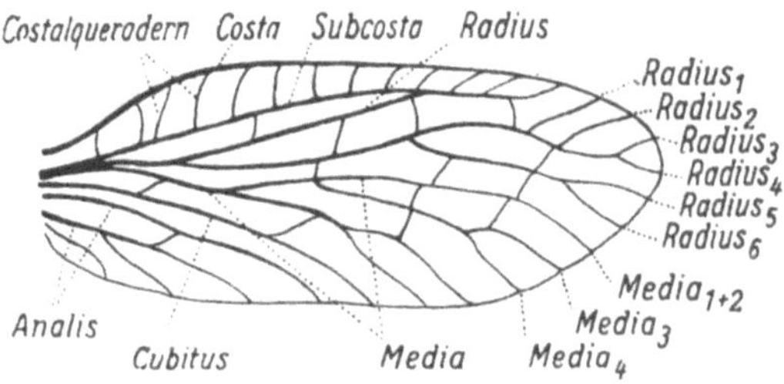

Abb. 14. Flügelgeäder einer Schlammfliege (*Sialis*) mit den Hauptadern (nach Seitz).

eng aufeinanderliegen. Die Flügelfläche kann Haare und Schuppen (s. S. 33) sowie Sinnesorgane tragen und wird von Adern versteift, die als stärker chitinisierte Röhren längs und quer angeordnet sind. In den Hohlräumen der Adern verlaufen Tracheen und Nerven und zirkuliert Blut. Trotz aller Verschiedenheit der Adernausbildung innerhalb der systematischen Gruppen kann ein Grundschema der Aderung aufgestellt werden, das aus Abb. 14 ersichtlich wird. Den reich längs und quer geaderten Flügeltyp (z. B. Eintagsfliegen, Libellen) faßt man als den ursprünglichen, den wenig geaderten dagegen (z. B. Biene) als den abgeleiteten Typ auf. Die Flügelachsen sind auf der Ober- und Unterseite durch ein System von chitinigen

Platten und Höckern gelenkig mit der Brust verbunden. Die Flugmuskulatur guter Flieger ist kräftig ausgebildet. Man unterscheidet direkte und indirekte Flugmuskeln. Da der Insektenflug vorwiegend ein indirekter ist, herrschen die entsprechenden Muskeln vor. Alle Lageveränderungen der Flügel, wie Vorbringen, Zurückbringen, Drehen, Senken und Heben, werden durch beide Muskelgruppen bewirkt, und zwar bringen direkte Muskeln den Flügel vor und zurück. Längsmuskeln, die am Vorder- und Hinterrand des Rückenschildes ansetzen, wölben dieses empor, so daß die wie Ruderplatten zwischen Tergum und Pleura gelenkig eingeklemmten Flügel indirekt gesenkt werden. Umgekehrt sorgen senkrecht vom Tergum zur

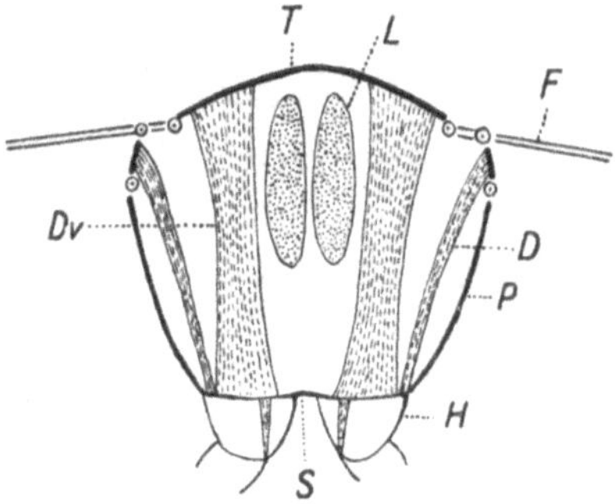

Abb. 15. Querschnitt durch ein Brustsegment eines Insektes. — *D* direkter Flügelmuskel, *Dv* dorsoventrale Muskeln, *F* Flügel, *H* Hüfte, *L* Längsmuskeln, *P Pleurit, S Sternit, T Tergit.* Drehpunkte markiert.

Sternalfläche ziehende Muskeln für Abflachung des Rückenschildes, wodurch die Flügel indirekt gehoben werden (Abb. 15). Die Flügelbewegung erfolgt demnach passiv. Beim Niederschlag sind die direkten Flugmuskeln, die den Flügel vorbringen, mitbeteiligt. Bei Libellen spielen die direkten Flugmuskeln eine besondere Rolle.

Der Flug der Insekten ist ein Hubflug im Gegensatz zu den Vögeln, die einen auf den Prinzipien des Segelfluges beruhenden Drachenflug ausführen, bei dem der Körper durch die Vorwärtsbewegung gehoben wird. Der Hubflug dagegen hebt zunächst den Körper und treibt ihn erst in zweiter Linie vorwärts. Es wird also zunächst die Körperlast gehoben (Hub), das heißt die Erdschwere überwunden. Nur die bei diesem Vorgang übrigbleibende Energiemenge kann zur Vorwärtsbewegung Verwendung finden. Durch Auf- und Niederschlag der Flügel wird ein ausreichender Luftwiderstand erzeugt. Der versteifte Vorderrand des Flügels eilt infolge des Luftdruckes stets voraus, während der nachgiebige Hinterrand zurückbleibt. Infolgedessen wird sowohl beim Abwärts- als auch beim Aufwärtsschlag die Flügelfläche schräg zur Flugrichtung gestellt. Die Flügelspitzen beschreiben beim fixierten Tier entweder die Figur einer 8, einer 0 oder eines Kreises. Das fliegende Insekt erhält den Hauptluftstrom von vorn oben. Dieser wird nach hinten über den Rücken weg abgedrängt. Dadurch entsteht der Hauptantrieb nach vorn. Der Abwärtsschlag hebt den Körper durch den von ihm verursachten Widerstandsdruck und durch die ansaugende Wirkung des über dem Flügel entstehenden luftverdünnten Raumes. Die durch Widerstandsdruck beim Niederschlag allein hervorgerufene Hebewirkung würde ein periodisches Steigen und Fallen des Insektes, also eine Wellenbahn erzielen. Durch das Ansaugen infolge des luftverdünnten Raumes über den Flugflächen beim Niederschlag werden die Perioden ausgeglichen, und der Flug wird geradlinig[1]). Das Insekt „hängt" gewissermaßen in der Luft, indem es durch Verminderung des Druckes von oben von der Luft angesaugt wird. Im Gegensatz dazu „liegt" der fliegende Vogel auf der Luft. Er wird durch Vermehrung des Druckes von unten von ihr getragen. Die Flügelfläche wird bei ihren Bewegungen infolge des Luftdrucks und ihrer eigenen Elastizität durchgebogen.

---

[1]) Demoll, R., Der Flug der Insekten und Vögel. Jena 1918.

Kleinste Formen und Arten, deren schmale Flügel ringsum mit Borstensäumen (z. B. Federmotten) ausgestattet sind, müssen nach Prinzipien fliegen, die bisher unbekannt sind. Der eigentliche Hubflug wird nur von Arten durchgeführt, deren dauernd in Auf- und Abwärtsbewegung befindliche Flügel am Vorderrand versteift sind. Im Hinblick auf die Inanspruchnahme der Flügelpaare können verschiedene Flugtypen unterschieden werden. In vielen Fällen sind die Hinter- mit den Vorderflügeln durch Verklammerungsvorrichtungen zu einer einheitlichen Flug- und Tragfläche verbunden (z. B. Schmetterlinge, Abb. 16), so daß beide Flügelpaare nur gleichzeitig arbeiten können. Dipteren und die ♂♂ der Cocciden verfügen nur über die Vorderflügel. Die ♂♂ der Fächerflügler besitzen nur Hinterflügel als Flugorgane. Bei den Käfern werden nur die Hinterflügel (Alae) zum Fliegen verwendet, während die Vorderflügel entweder hochgestellt und vielleicht als Stabilisatoren fungieren (z. B. Sandlaufkäfer) oder während des Fluges geschlossen über dem Hinterleib liegenbleiben (z. B. Goldrosenkäfer). Die vier Flügel der Libellen arbeiten völlig unabhängig voneinander, Schwärmer und Schwebfliegen vollführen Schwebe- oder Schwirrflug auf der Stelle. Der Schwalbenschwanz gleitet im Segelflug dahin. Die Fluggewandtheit ist nicht an einen bestimmten Flugtyp gebunden. Die gewandtesten Flieger gibt es unter den Schwärmern, Fliegen, Libellen und Käfern. Tagschmetterlinge, Eintagsfliegen u. a. fliegen schwerfälliger. Im allgemeinen wird der Flug um so schneller vor sich gehen, je größer die aufgewandte Muskelenergie ist, das heißt, je höher die *Schlagfrequenz*

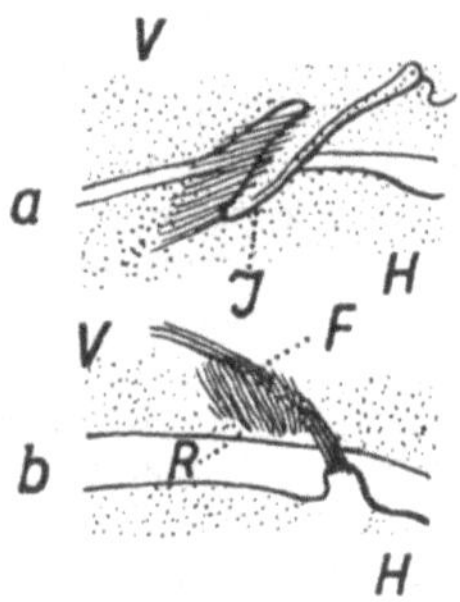

Abb. 16.
Bindevorrichtungen zwischen Vorder- und Hinterflügel von Schmetterlingen. — *a Jugata*, *b Frenata*. — *F Frenulum*, *H* Hinterflügel, *J Jugum*, *R Retinaculum*, *V* Vorderflügel.

wird, jedoch braucht die Frequenz nicht proportional der Geschwindigkeit zu sein. Bei hohen Frequenzen kann die *Amplitude* (Schwingungsweite) sehr klein, bei niedriger Frequenz sehr groß sein. Oft finden sich aber große Amplituden mit hohen Frequenzen gekoppelt und erzielen hervorragende Flugleistungen, z. B. Marienkäfer. Die Zahl der Flügelschläge je Sekunde (Frequenz) beträgt z. B. beim Kohlweißling 9, bei der Honigbiene 190, bei der Stubenfliege 330. Die *Geschwindigkeit* wurde festgestellt: für Schwärmer bis 15 m je Sekunde, für Libellen bis 10 m, für Maikäfer bis 3 m. Die Flugleistungen sind oft sehr hoch und betragen viele hundert Kilometer ununterbrochener Reise. Bei gleichmäßig geradlinig fortgesetztem Flug arbeiten die Flügelpaare synchron mit gleicher Frequenz, Amplitude und Schlagrichtung. Soll die Richtung geändert werden, das heißt, sobald Steuerung eintritt, kann die Schwingungsebene einer Seite verstellt werden. Der Körper dreht sich dann nach der Seite des geringeren Vorwärtsimpulses. Außerdem kann die Amplitude derjenigen Seite, nach der sich der Körper wenden soll, verkleinert werden. Hakenwendungen, z. B. bei Libellen, werden mit kleinster Amplitude oder gar bei völligem Flügelstillstand ausgeführt.

Die *Haltung der Flügel* ist verschieden. Sie werden z. B. ungefaltet entweder seitlich vom Körper weggestreckt oder über dem Körper hochstehend zusammengeklappt (z. B. Libellen, Tagfalter, Eintagsfliegen), der Länge nach fächerartig gefaltet über den Hinterleib (Hinterflügel vieler Geradflügler) oder seitlich am Körper liegend rückwärts getragen (Wespen). Bei Ohrwürmern werden die Hinterflügel nicht nur längs gefaltet, sondern auch noch zweimal quer gefaltet. Ähnliche ein- oder zweifache Quereinfaltungen kommen bei vielen Käfern vor. In beiden Fällen werden auf diese Weise die längeren Hinterflügel unter den kürzeren Vorderflügeln verstaut. Die Fluglust wird von mehreren äußeren und inneren Faktoren bestimmt und ist vielfach stark temperaturbedingt.

Die Umbildung der Flügel ist mannigfach. Bei Käfern und Ohrwürmern sind die Vorderflügel zu stark chitinisierten Deckflügeln (Elytren) umgestaltet, unter denen die Hinterflügel geschützt liegen. Die Vorderflügel der Wanzen sind im Grundteil lederartig [Hemielytren[1])]. Die Vorderflügel der ♂ Fächerflügler sind zu Schwingkölbchen (Haltēren) umgewandelt, desgleichen die Hinterflügel der Zweiflügler, die hier als Schwirrorgane (Stimulatoren) fungieren.

Reduktion der Flügel kann damit beginnen, daß entweder die Vorder- oder die Hinterflügel verkleinert sind. Die Rückbildung der Flügel tritt in verschiedenem Grad in Erscheinung: Als Verzwergung, Stummelbildung oder als restloser Schwund. Die Alae vieler Laufkäfer weisen innerhalb einer Art individuell abgestufte Reduktion auf. Die Hinterflügel sind z. B. bei gewissen Eintagsfliegen bis auf winzige Häkchen reduziert. Während diese letztgenannten Formen voll flugfähig sind, wird bei Reduktion beider Flügelpaare natürlich die Flugfähigkeit eingebüßt. Läuse und Flöhe sind flügellos wie auch andere Parasiten, z. B. Federlinge, die Bienenlaus (*Braula*), der Termitengast *Termitoxenia* in ♀ Phase und die Bettwanze. Bewohner sturmumtobter Inseln oder Berggipfel haben in beiden Geschlechtern nur kurze Flügelrudimente. Oft betrifft die Flügelrückbildung nur das ♀ Geschlecht, z. B. sind die ♀ Schildläuse flügellos, ebenso die larvenähnlichen ♀♀ der Fächerflügler (Abb. 22) und der Sackträger[2]). Die ♀♀ der einheimischen Leuchtkäfer tragen nur Flügelstummel, desgleichen die ♀♀ der Frostspanner, des Schlehenspinners[3]) u. a. — Selten sind die ♀♀ geflügelt, die ♂♂ dagegen flügellos: Feigengallwespe[4]). Bei den Blattläusen wechseln völlig ungeflügelte ♀♀ mit geflügelten innerhalb des Entwicklungszyklus ab. Arbeiter und Soldaten der Termiten und Ameisen sind flügellos. Beide Geschlechter dieser Gruppen werfen sekundär die Flügel ab, desgleichen die Lausfliegen, nachdem sie ihren Wirt besiedelt haben.

---

[1]) Halbdecken. [2]) Psychiden. [3]) *Orgyia antiqua.* [4]) *Blastophaga.*

Oft läuft Flügelreduktion mit Augenrückbildung parallel (Höhleninsekten).

Die Beziehung der Flügel zur *Tonerzeugung* s. S. 43.

Den *kinetischen Vorgängen:* Gehen, Laufen, Klettern, Fliegen, Schwimmen, stehen Zustände der Bewegungslosigkeit gegenüber. Sie werden als Akinese bezeichnet. Man kann Thanatose, Katalepsie und Mechanohypnose unterscheiden. Thanatose, ein Krampfzustand, wird allgemein Totstellreflex, Totstellung oder Scheintod genannt und kommt häufig bei Käfern, Wanzen, bei einigen Schmetterlingen und Larven u. a. vor. Physiologisch ist die Thanatose eine reflektorische, hypertonische, wahrscheinlich tetanische, durch taktile Reize auslösbare und durch erneute Reizung verlängerungsfähige Akinese. Der Muskeltonus, das heißt die Muskelspannung, ist heraufgesetzt. Die Extremitäten sind starr und verkrümmt, Hinterleib und Kopf oft eingebogen. Gleichzeitig können Blutstropfen (Abb. 17) oder Sekrete aus dem Mund und Säfte aus dem After ausgepreßt werden. Die Reflexerregbarkeit ist herabgesetzt, Schmerzunempfindlichkeit (Analgesie) ist ausgeprägt. Reizmüdigkeit kann vorübergehend in Erscheinung treten. Bei Käfern ist die Thanatose unter Umständen als Schutzreflex deutbar. Das Schnellvermögen der Elateriden (Col.) ist mit Thanatose verbunden, durch die die erforderliche Muskelspannung für das Auslösen des Schnellapparates geliefert wird. Katalepsie, das heißt, eine reflektorische hypertonische Akinese mit wächserner Biegsamkeit von Körperteilen[1]), ist von der Stabheuschrecke *Carausius* (kataleptische Brücke) und von einem Rüsselkäfer[2]) bekannt. Mechanohypnose ist eine experimentell hervorgerufene Hemmungsakinese kataleptischen Charakters. Durch Festhalten oder Druck auf die Unterseite in Rücken-

Abb. 17. Ölkäfer in Thanatosestellung. Ventral. An den Kniegelenken ausgepreßte Blutstropfen.

[1]) *Flexibilitas cerea.* [2]) *Otiorrhynchus atroapterus* de G.

lage wird der Fluchtreflex oder der Umkehrreflex ausgeschaltet. Durch erneute Reize kann die Mechanohypnose — im Gegensatz zur Thanatose — unterbrochen werden.

3. Der Hinterleib (das Abdomen)

Der Hinterleib setzt sich aus ursprünglich elf embryonal angelegten Segmenten zusammen (Abb. 3), auf die als Endstück das Telson mit dem After folgt. Das fertige Segment trägt dorsal ein Tergum und ventral ein Sternit, beide sind durch Pleuralhäute verbunden, in die kleinere Chitinplatten in Gestalt von Episternum und Epimeron eingelagert sein können. Die aus längs, senkrecht (dorsoventral) und schräg verlaufenden Zügen bestehenden Muskeln sowie kleinere Intersegmentalmuskeln sorgen für die Gegeneinanderbewegung der Ringe und deren Abflachung, z. B. beim Atmen. Sämtliche elf Segmente können je ein Paar von Extremitätenanlagen aufweisen, die aber größtenteils schon während der Embryogenese abgebaut werden. Beinreste sind bei Proturen (Abb. 1) an den ersten drei Segmenten des Hinterleibes als stummelförmige Gebilde, bei den Borstenschwänzen (*Thysanura*) in Gestalt von griffelförmigen Styli nebst Coxalbläschen erhalten (Abb. 59). Das erste Hinterleibssegment der Springschwänze (*Collembola*) liefert

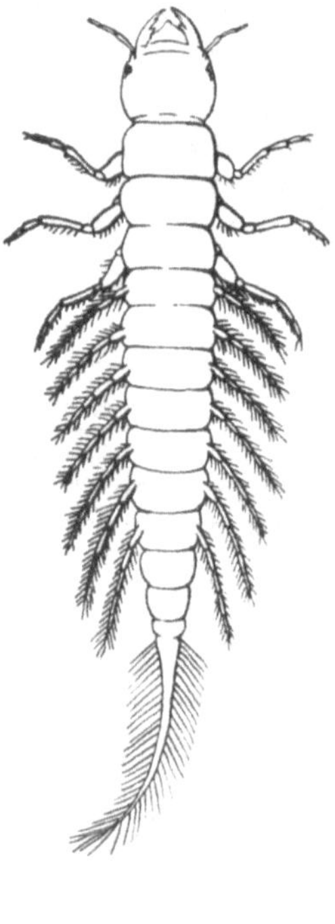

Abb. 18. Larve einer Schlammfliege (*Sialis*) mit zu Tracheenkiemen umgewandelten Abdominalextremitäten (nach Seitz).

den Ventraltubus, der aus den beiden hier verschmolzenen Beinanlagen entstanden ist. Am zweiten Segment folgt das als Extremitätenknospe ursprünglich angelegte Retinaculum. Auch die Gabel (Furca) des vierten Ringes ist aus Beinanlagen hervorgegangen. Sie dient als Sprungorgan. Einen völligen Funktionswechsel haben die Hinterleibsextremitäten durchgemacht, wenn sie als abdominale Tracheenkiemen in den Dienst der Atmung getreten sind, wie z. B. bei den Larven der Eintagsfliegen (*Ephemerida*) und der Schlammfliegen (*Sialis*, Abb. 18). Auch die Afterfüße (Bauchfüße) der Larven der Schnabelhafte (*Mecoptera*), der Schmetterlingsraupen und der Afterraupen der Blattwespen sind von Beinanlagen abzuleiten. Die volle Zahl der Segmente bleibt nur bei ursprünglichen Insekten erhalten, z. B. bei *Eosentomon* (*Protura*, Abb. 1). Bei den meisten höheren Formen werden die drei letzten Ringe abgeändert. Das Telson verschwindet. Das elfte Segment wird rückgebildet. Es trägt die Afterraife (*Cerci*), die als Taster funktionieren können und umgewandelte echte Gliedmaßen dieses Segmentes sind. Das zehnte Segment kann vorstülpbare Pygopodialschläuche (manche Käferlarven) oder Haken (Köcherfliegen-Larven) tragen, die gleichfalls abgeleitete Abdominalextremitäten sein dürften und die als Stützen bei der Fortbewegung Hilfe leisten. Der achte Ring beherbergt in der Regel die ♀, das neunte Segment die ♂ Geschlechtsöffnung. Beide Ringe sind deswegen bei Erwachsenen meist stark abgeändert. Dorsal finden sich bei vielen Käferlarven paarige Pseudocerci, die zwar nicht auf Beinanlagen zurückgeführt werden können, jedoch als Hilfsorgane bei der Bewegung im Erdboden bei *Carabus*-Larven und als Equilibrierungsorgane bei der Einhaltung der Atemstellung der *Dytiscus*-Larven am Wasserspiegel Dienst leisten.

a) Die äußeren Geschlechtsorgane Legeapparate und Kopulationsorgane

Weibchen: Manchmal ist der Hinterleib beim ♀ schon vom sechsten Segment ab in eine Legeröhre umgewandelt, die bei Fliegen (Abb. 19) völlig einziehbar ist. Oft sitzen an der Spitze des Legeapparates paarige ungegliederte oder gegliederte Tast- bzw. Scharrapparate, die bei der Unterbringung der Eier eine Rolle spielen (Abb. 20). Es handelt sich hier um umgeformte Extremitätenanlagen

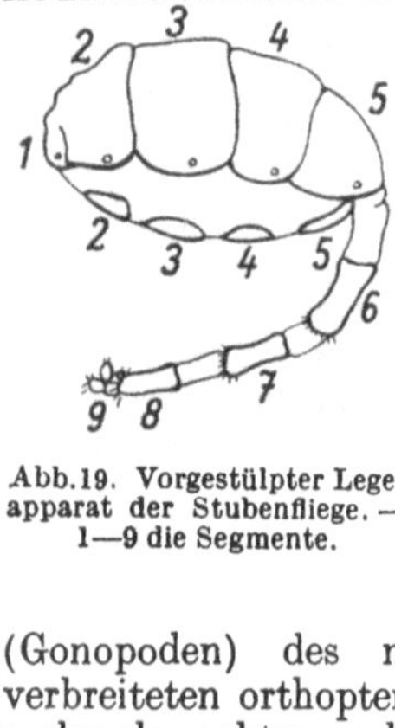

Abb. 19. Vorgestülpter Legeapparat der Stubenfliege. — 1—9 die Segmente.

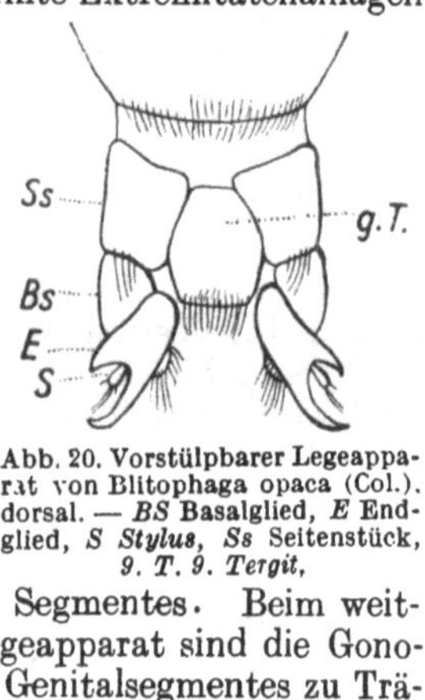

Abb. 20. Vorstülpbarer Legeapparat von Blitophaga opaca (Col.). dorsal. — *BS* Basalglied, *E* Endglied, *S* *Stylus*, *Ss* Seitenstück, *9. T.* 9. *Tergit*.

(Gonopoden) des neunten Segmentes. Beim weitverbreiteten orthopteroiden Legeapparat sind die Gonopoden des achten und neunten Genitalsegmentes zu Trägern (Valviferen) von gestreckten Anhängen, den Valvulae, umgebildet, die in ihrer Gesamtheit einen Legebohrer (Legesäbel) bilden (Abb. 21a). Das achte Segment zeigt einen Valvifer und eine Valvula, der neunte Ring einen Valvifer und zwei Valvulae (Abb. 21a). Valvifer *und* Valva werden als Gonapophyse bezeichnet.

Männchen: Beim ♂ können das achte, neunte und zehnte Segment an der Bildung des Kopulationsorganes beteiligt sein. Im einzelnen ist der Bau der äußeren ♂ Geschlechtsorgane außerordentlich vielgestaltig. Im einfachen Falle formen der neunte und zehnte Ring einen Hohlraum, an dessen hinterer Wand der Penis ansetzt.

Dieser besteht aus einem Grundabschnitt und einem oft zurückziehbaren Rohr (*Aedeagus*, Abb. **21**c), von dessen Innenwand eine Rute (*Virga*) ausgeht. Die Mündung des Samenausführungsganges liegt in der Tiefe des Phallus. Bei der Kopulation stülpt sich die weichhäutige innere Wand der Penisspitze blasig vor, wobei die Virga mit vorgestreckt wird. Am Grunde des Penis befindet sich ein

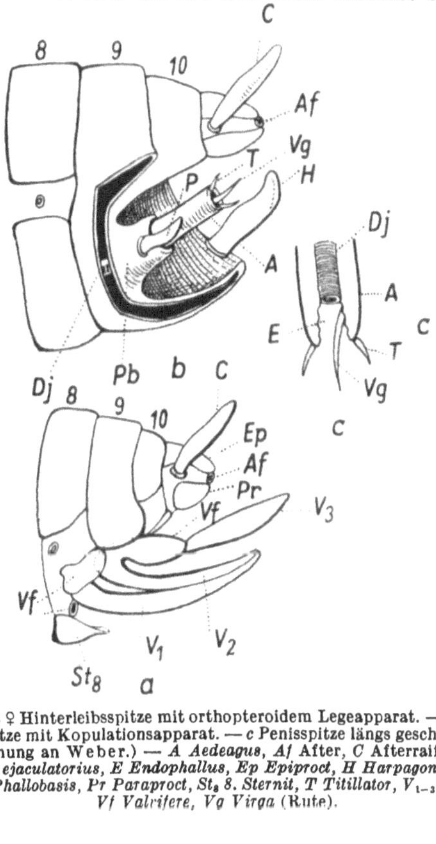

Abb. 21. *a* ♀ Hinterleibsspitze mit orthopteroidem Legeapparat. — *b* ♂ Hinterleibsspitze mit Kopulationsapparat. — *c* Penisspitze längs geschnitten. — (In Anlehnung an Weber.) — *A Aedeagus*, *Af* After, *C* Afterraif (*Cercus*), *Dj Ductus ejaculatorius*, *E Endophallus*, *Ep Epiproct*, *H Harpagon*, *P Paramere*, *Pb Phallobasis*, *Pr Paraproct*, *St_8 8. Sternit*, *T Titillator*, *V_{1-3} Valvulae*, *Vf Valvifere*, *Vg Virga* (Rute).

Paar beweglicher 'Anhänge (Parameren), die ebenso wie die nicht überall vorhandenen Titillatoren an der Spitze des Phallus als Verankerungsorgane bei der Begattung funktionieren. Als weiteres Verklammerungsorgan ist ein Paar, durch Muskeln bewegbare Harpagone anzuführen, Gonopoden des neunten Segmentes (Styli, Abb. 21 b). Besonders langgestreckte Harpargone tragen die ♂♂ von Eintagsfliegen, und bei ♂♂ Skorpionsfliegen (*Mecoptera*) sitzen kräftige, zangenartige Harpogone auf kugelig aufgetriebenen Grundgliedern (Coxiten). Manchen Borstenschwänzen (*Thysanura*) fehlen äußere Geschlechtsorgane.

b) In vielen Fällen sind die Geschlechter gestaltlich erheblich voneinander verschieden. So können die ♂♂ größer sein als die ♀♀ oder umgekehrt. Geschlechtsdimorphismus drückt sich ferner sehr auffällig aus durch Farbenpracht der ♂♂, z. B. bei manchen Schmetterlingen (z. B. *Morpho*), durch horn- oder geweihartige Bildungen im ♂ Geschlecht (z. B. Hirsch-, Nashornkäfer), durch Flugunfähigkeit und damit verbundener Reduktion der Flügel (z. B. Frostspanner, Lep.) der ♀♀, durch larvenähnliche Gestalt im ♀ Geschlecht, während das ♂ geflügelt auftritt (Abb. 22) u. a. Die sekundären Geschlechtsmerkmale, bei Wirbeltieren hormonal bedingt, sind bei Insekten geschlechtsgebunden und somit erblich fixiert.

Abb. 22. Geschlechtsdimorphismus. *Stylops*. — *a* bewegliches Larvenstadium (campodeide Larve),[1] — *b* ♀ ventral, — *c* ♂ (nach Heymons).

Während vielfach die geschlechtlichen Unterschiede der Körperform funktionell verständlich sind, fehlt für manche Erscheinungen, wie z. B. für die ♂ Hörner vieler tropischer Dynastinen, jede Deutbarkeit. Die Herausbildung der äußeren Geschlechtsmerkmale im darwinistischen

[1]) Campodea-ähnlich (s. S. 55).

Sinne durch geschlechtliche Zuchtwahl entstanden zu denken, ist abwegig, da sich z. B. die ♀♀ um die äußere Beschaffenheit, Farbenpracht, Größe der ♂♂ u. a., gar nicht kümmern.

II. Die Körperdecke und die Hautdrüsen

1. Die Körperdecke

Die einschichtige *Epidermis* überzieht als Oberhaut den ganzen Körper und bildet nach außen die chitinige *Cuticula*, die als zusammenhängendes Ektoskelett von verschiedener Stärke und Elastizität den ganzen Organismus einhüllt. Die Epidermis wird innen von einer dünnen Basalmembran begrenzt. Die Cuticula ist meist dreischichtig. Außen liegt die dünne Epicuticula, auf die eine Pigmentschicht oder Exocuticula folgt, an die sich die starke Endocuticula (Abb. 23) anschließt. Diese erweist sich als aus vielen geschichteten Lamellen oder aus mehreren Balkenlagen, deren Balkenzüge sich kreuzen, aufgebaut. Senkrecht aufsteigende Fasern durchsetzen die ganze Endocuticula. In den biegsamen Gelenkhäuten, die die einzelnen Skelettstücke verbinden, ist die Exocuticula (z. B. bei *Carabus*-Larven) zu kegelförmigen Gebilden aufgelockert.

Bei jeder Häutung entsteht die neue Cuticula unter der alten, und zwar bildet die Epidermis zunächst eine neue Epicuticula, über die in einen entstandenen Spaltraum hinein sich das die Endocuticula auflösende Sekret von Häutungsdrüsen[1]) des Epiderms ergießt (Abb. 24). Aus dem alten aufgelösten Material wird eine neue Endocuticula aufgebaut, während das Tier zuletzt die alte Exocuticula nebst Epicuticula als Exuvie abstreift.

Das gehäutete Insekt ist anfangs weich und weiß. Unter dem Einfluß des Sauerstoffes der Luft erhärtet es und färbt sich aus. Es bilden sich in der Exocuticula Melanine (gelb, rot, braun, schwarz). Aber auch die Epider-

[1]) Exuvialdrüsen. — Hierher gehören auch die *Verson*schen Drüsen der Schmetterlingsraupen.

mis trägt erheblich zur Farbtracht bei, indem sich in ihr gleichfalls *Pigmente*, z. B. in Form von gelben Lipochromen (Carotinoide) sowie weißen und gelben Pterinen (Purinstoffe), z. B. bei Weißlingen und Wespen, ablagern. Andere Farberscheinungen entstehen durch an sich ungefärbte *Strukturen* der Cuticula, sind also nur Lichtbrechungserscheinungen. Ihnen liegt oft das physikalische Phänomen der *Farbe dünner Plättchen* zugrunde, das heißt, es wird weißes Licht sowohl an der Vorder- als auch der Hinterwand einer sehr dünnen parallelwandigen, farblosen Schicht reflektiert, so daß Teilschwingungen ins Auge gelangen, die einen Phasen-

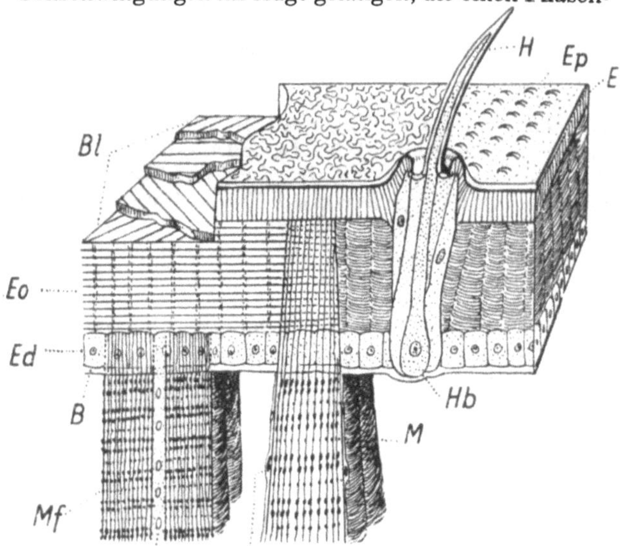

Abb. 23. Block aus der Haut mit Haar und Muskelansätzen. Die Muskelfibrillen verlängern sich in die Tonofibrillen, die die Epidermis durchdringen oder als Faserkegel bis zur *Exocuticula* reichen. — *B* Basalmembran, *Bl* Balkenlage, *E Exocuticula*, *Ed Epidermis*, *Ep Epicuticula*, *Eo Endocuticula*, *H* Haar, *Hb* Haarbildungszelle, daneben Bildungszellen u. a. für die Gelenkhaut des Haares, *M* Muskel, *Mf* Muskelfibrille, *Mk* Muskelkern.

unterschied zeigen, das heißt interferieren. Die Metall- und Schillerfarben (Prachtfarben) entstehen auf diese Weise. Die Schillerschuppen der Schmetterlinge schließen zwischen ihren beiden Lamellen eine sehr dünne Luftschicht ein, die wie ein dünnes Blättchen wirken kann. Die blaue Farbe beruht — wie das Blau des Himmels (Tyndalleffekt) — auf dem Prinzip der *Farbe trüber Medien.* Eine durch fein verteilte Stoffe getrübte Schicht der Cuticula ist von schwarzem Pigment unterlagert. Es werden sämtliche Farben verschluckt und nur das Blau reflektiert. Die Oberfläche der Cuticula ist meist skulptiert, das heißt, sie zeigt feine Runzelung: Perlen, Dörnchen, Schuppen, haarähnliche Gebilde u. a. (Abb. 23). Echte Haare in verschiedener Gestalt und Gliederung an sehr verschiedenen Stellen des Körpers sind gelenkig mit der Cuticula verbunden, werden von umgewandelten Epidermiszellen hergestellt, enthalten zentral einen Plasmafortsatz und können als Sinneshaare (s. S. 41) im Dienst von taktischen Reizen stehen. Hörner und Dornen entstehen durch umfangreiche Vorstülpungen der Haut. Das innere Skelett (z. B. das Endocephalum [Tentorium] des Kopfes) verdankt seinen Ursprung dagegen Hauteinstülpungen. Die dachziegelartig geschichteten Schuppen der Schmetterlinge sind abgeflachte Haare, die in je einem Haltering sitzen. Ihre Oberlamelle ist gerippt, zwischen den Rippen durchlöchert und mit der Unterlamelle durch Trabekel[1]) (senkrechte Bälkchen) verbunden. Auch die Saugnäpfe an den Tarsen der Fadenschwimmkäfer sind modifizierte Haare. Das

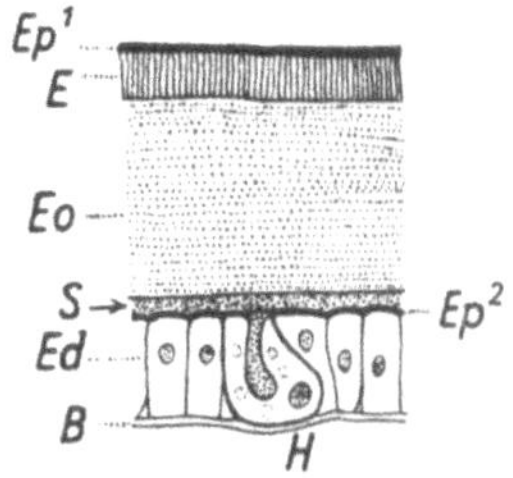

Abb. 24. Häutungsbeginn. — *E Exocuticula, Ed Epidermis, Eo Endocuticula, Ep*[1] alte *Epicuticula, Ep*[2] neue *Epicuticula, H* Häutungsdrüse, *S* Häutungssekret.

[1]) Trabs, trabis f. = Balken.

Außenskelett und das wenig ausgebildete Endoskelett dienen dem Muskelansatz. Skelett und Muskulatur sind eine funktionelle Einheit.

2. Die Hautdrüsen

Abgesehen von den Verdauungsdrüsen einschließlich Speicheldrüsen (s. S. 48) und den zu den Geschlechtsorganen gehörigen Drüsen (s. S. 59,61), die ento- oder ektodermaler Herkunft sein können, kommen im Körper zahlreiche und verschieden gestaltete Hautdrüsen vor, die abgewandelte Epidermiszellen sind und Sekrete liefern. *Einfache einzellige Drüsen,* die in der Haut liegen, sind durch einen großen, oft gelappten Kern gekennzeichnet (Abb. 25). Das Sekret erscheint im Plasma der Drüsenzelle in Gestalt von Körnchen und tritt mittels Diffusion

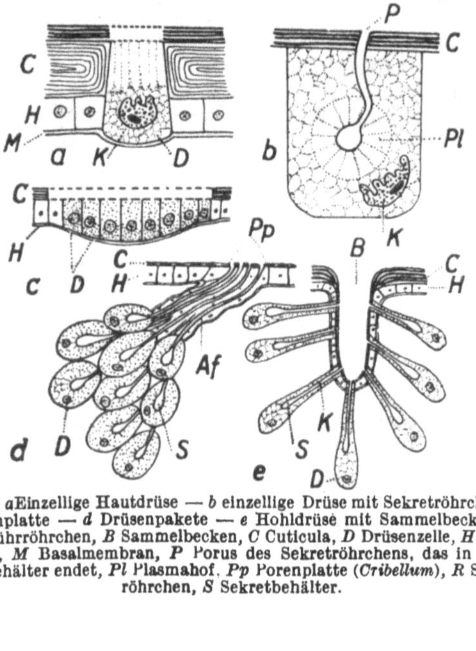

Abb. 25. *a* Einzellige Hautdrüse — *b* einzellige Drüse mit Sekretröhrchen — *c* Drüsenplatte — *d* Drüsenpakete — *e* Hohldrüse mit Sammelbecken. — *Af* Ausführröhrchen, *B* Sammelbecken, *C* Cuticula, *D* Drüsenzelle, *H* Haut, *K* Kern, *M* Basalmembran, *P* Porus des Sekretröhrchens, das in einem Sekretbehälter endet, *Pl* Plasmahof, *Pp* Porenplatte (*Cribellum*), *R* Sekretröhrchen, *S* Sekretbehälter.

durch eine dünne Chitincuticula aus. Es kann aber auch die Cuticula als feines, kolbig endigendes Röhrchen in das Plasma der Zelle eingestülpt sein. Der als Sammelbehälter für das Sekret dienende Endkolben wird von radiär angeordnetem Plasma umgeben (Abb. 25b). Wenn die einzellige Drüse aus dem Epidermisverband ausgeschieden und unter die Haut versenkt ist (Abb. 26), so wird das Sekret durch ein chitiniges, von mehreren Bildungszellen hergestelltes Ausfuhrröhrchen nach außen befördert. Einzellige Drüsen können auch mit Haaren oder Schuppen Drüsenhaare oder Drüsenschuppen bilden (Brennhaare der Raupen der Prozessionsspinner, Duftschuppen der Schmetterlinge). — *Mehrzellige Drüsen* entstehen durch Zusammentritt von mehreren oder zahlreichen einzelnen Hautzellen. Liegen diese im einfachen Verband nebeneinander oder manchmal mit Hautzellen vermischt, so entstehen *Drüsenplatten* (Abb. 25c), wie sie als Wachsdrüsen, z. B. bei Blattläusen, Aleurodinen, Zikaden und Bienen, vorkommen. Bei der Honigbiene liegen die Wachsdrüsen ventral paarig am Abdomen als glatte „Spiegel" auf den letzten vier Ringen. Sie scheiden Wachs aus, das zu Plättchen erstarrt. Die dorsalen Drüsen der Blattläuse und Schildläuse liefern winzige Wachsröhrchen, die einen dichten Flaum bilden. *Drüsenpakete* sind Vereinigungen von versenkten einzelligen Drüsen, deren Ausführröhrchen sich kabelartig vereinigen und deren Mündungen dicht nebeneinanderliegend in der Cuticula ein winziges Sieb (Porenplatte) bilden (Abb. 25d). Viele Öl- oder Schmierdrüsen gehören diesem Typus an. Vielgestaltige

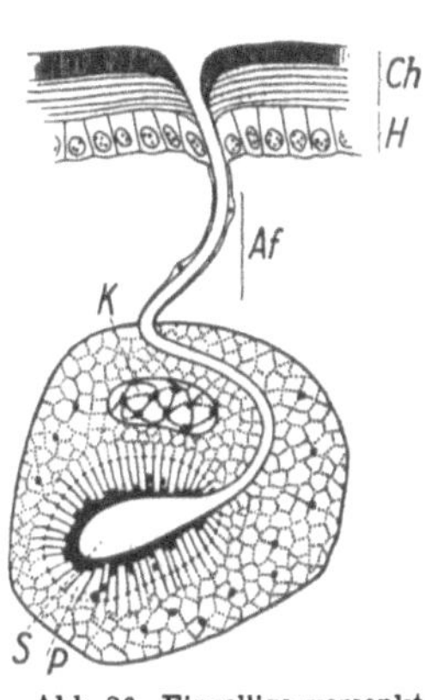

Abb. 26. Einzellige versenkte Hautdrüse. — *Af* Ausführröhrchen, *Ch* Chitincuticula, *H* Haut (*Epiderm*), *K* Kern, *P* Plasmahof, *S* Sekretbehälter mit an der Außenwand angesammeltem Sekret (schwarz).

Komplex- oder *Hohldrüsen* entstehen, wenn ein sekundäres Sammelbecken für das Sekret durch Einstülpung der Cuticula in das Körperinnere hinzutritt. Das Sammelbecken ist entweder eine Röhre oder ein Sack (Abb. 25e). Außerdem kann eine seitliche Aussackung des Beckens als Reservoir vorhanden sein. Einfache Komplexdrüsen kommen als vermutliche Wehrdrüsen in den Elytren von Blattkäfern vor (Abb. 25e). Das Sammelbecken mancher Stink- oder Wehrdrüsen, z. B. am Hinterende von Käfern (Mehlkäfer, Mäusegrauer Schnellkäfer, viele Kurzflügler), kann vorgestülpt werden, so daß das Sekret schneller verdunstet.

III. Die Muskulatur

Die Muskulatur entwickelt sich aus gestreckten Mesodermzellen. Abgesehen von der glatten oder doch nur schwachgestreiften Eingeweidemuskulatur sind die kräftig ausgebildeten Skelettmuskeln quer gestreift. Der Muskel setzt sich aus Bündeln von Muskelfasern zusammen. Jede Faser stellt ein Syncytium[1]) dar, dessen Kerne entweder an der Oberfläche in einer dünnen Plasmahülle (Myolemm) oder in einem zentralen Plasmastrang (Abb. 23) liegen. Die Faser enthält zahlreiche parallel verlaufende Muskelfibrillen (Myofibrillen), deren jede aus anisotropen und isotropen Scheibchen in verschiedener Weise aufgebaut ist, wodurch optisch eine Querstreifung hervorgerufen wird. Anklänge an die homonome segmentale Gliederung der ringelwurmartigen Vorfahren der Insekten finden sich in der Anordnung der Muskulatur gewisser Jugendstände (z. B. der Raupen) und des Hinterleibes der Erwachsenen, obgleich hier wiederum eine sekundäre Gestaltung sicher ist, weil der primäre Zustand des Vorhandenseins von Abdominalextremitäten nicht mehr gegeben ist.

Die Teile des Skelettes, die Sklerite, werden als Platten durch Muskelwirkung gegeneinander bewegt und verscho-

[1]) Ein vielkerniges Gebilde aus verschmolzenen Zellen.

ben oder in Gestalt röhrenförmiger Gebilde, die die Extremitäten zusammensetzen, wie Hebel benutzt. Gewisse Einzelheiten betr. Muskulatur s. S. 20. Die Muskeln arbeiten entweder gleichsinnig als Synergisten oder einander entgegengesetzt als Antagonisten, wie z. B. Beuger (Flexor) und Stecker (Extensor) des Oberschenkels (Abb. 27), sie dienen als Zurückzieher, Dreher, An- und Abzieher, Heber und Senker.

IV. Das Nervensystem und die Sinnesorgane

1. Das Nervensystem

Das *Zentralnervensystem*, ektodermaler Herkunft, ist ein Bauchmark (Abb. 2), ähnlich demjenigen der Ringelwürmer sowie der Krebse, Tausendfüßler und Spinnen. Es besteht ursprünglich aus paarigen, segmental angeordneten Nervenknoten (Ganglien) in jedem Ursegment (Abb. 4). Die Ganglien sind durch meist sehr kurze Querkommissuren und längsverlaufende Konnektive miteinander verbunden, so daß das Bild einer Strickleiter entsteht. Nur das aus drei vereinigten Ganglienpaaren bestehende Ge-

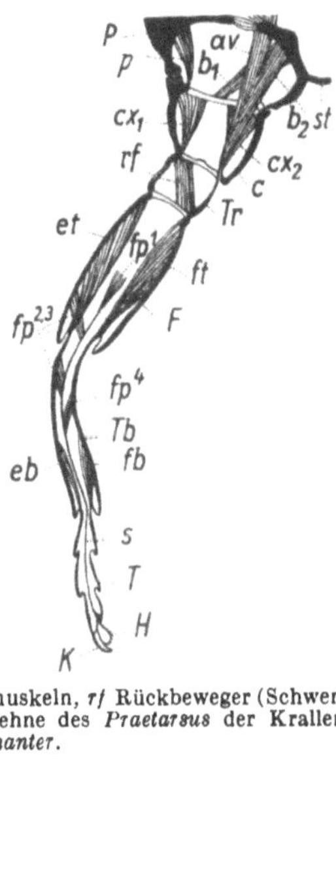

Abb. 27. Brustextremität, längs geschnitten, mit einem Teil der wichtigsten Muskeln. — b_1, b_2 Beinmuskeln, *C Coxa*, Cx_{1-2} Coxalmuskeln (*Musculi coxae*), Heber für *Trochanter* und *Femur*, *dv* einer der dorsoventralen Muskeln, vom Tergit kommend, *eb* Strecker des Fußes (*Extensor tarsi*), *et* Strecker der *Tibia* (*Ext. tibiae*), *F Femur*, *fb* Beuger des Fußes (*Flexor tarsi*), fp^{1-4} Beuger der Kralle (*Flexores praetarsi*), *ft* Beuger der *Tibia* (*Flexor tibiae*), *H* Haftlappen, *K* Kralle, *P Pleurit*, *p* einer der Pleuralmuskeln, *rf* Rückbeweger (Schwenker) des Femurs (*Remotor femoris*), *S* Sehne des *Praetarsus* der Krallen, *St Sternit*, *T Tarsus*, *Tb Tibia*, *Tr Trochanter*.

hirn[1]) liegt dorsal über dem Darm und ist mit dem gleichfalls aus drei Ganglienpaaren gebildeten Unterschlundganglion[2]) durch den den Darm umfassenden Schlundring (Abb. 2 und 28) verbunden. Es folgen drei Brustganglien und anschließend im Höchstfall acht Bauchganglien, von denen das letzte oft umfangreicher ist, da es aus mehreren verschmolzen ist, denn embryonal werden bis zu elf Ganglien angelegt. Der Verschmelzungsgrad der Ganglien miteinander ist verschieden und kann durch starke Konzentration von Ganglien zu einheitlichen Gebilden führen (Abb. 28b). Konzentration und höhere Leistung lassen meist keine Wechselbeziehungen erkennen. So ist z. B. das Bauchmark von Fliegenmaden viel stärker konzentriert als das der Fliegen selbst.

Die Nerven, die in der Regel sensorische und motorische Fortsätze nebeneinander aufweisen, gehen meist von den Ganglien, weniger zahlreich von den Konnektiven aus (Abb. 28 a). Vom Gehirn entspringen die Sehnerven für Ocellen und Fazettaugen (Abb. 28b) und die Antennennerven. Das Unterschlundganglion innerviert die Mundextremitäten, die Brustganglien sind der Ursprung für die Nerven der

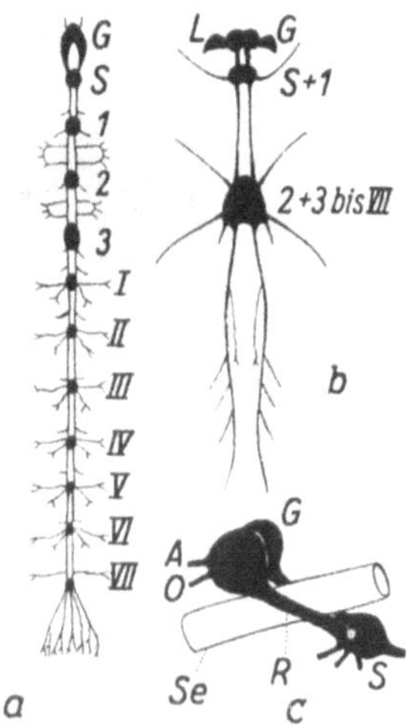

Abb. 28. *a* Strickleiterförmiges Bauchmark einer Raupe. — *b* Konzentriertes Bauchwerk einer Wasserwanze. — *c* Gehirn und Schlundring, seitlich — *A* Antennennerv, *G* Gehirn, *L* Sehlappen, *O* Opticus, *R* Schlundring, *S* Schlundganglion, *Se* Schlund, 1—3 Brust, I—VII Hinterleibsganglien.

---

[1]) Cerebralganglion: ursprünglich aus Proto-, Deutero- und Tritocerebrum zusammengesetzt.

[2]) Subocsophagalganglion.

Gangbeine und der Flügel, und die Abdominalganglien versorgen die Muskeln und die Haut des Hinterleibes. Das Sympathische oder Eingeweidenervensystem setzt sich zusammen aus a) dem unpaaren Nerv, der zwischen den Konnektiven der Ganglien vom Unterschlundganglion ab von einem Nervenknoten zum anderen zieht, und der paarige seitliche Fortsätze zu den Stigmen und Tracheen abspaltet; b) dem terminalen Nervenplexus, der vom letzten Abdominalganglion auszieht und die Geschlechtsorgane sowie den Enddarm versorgt, und c) dem stomatogastrischen System, das mit dem Gehirn verbunden ist, mehrere Ganglien besitzt und den Vorderdarm innerviert.

Jedes Rumpfganglion besteht aus einer Anzahl peripher angeordneter Nervenzellen (Neuronen) und einer aus Nervenfasern gebildeten zentralen Markschicht. Die Nervenzelle (Ganglienzelle) entsendet Fortsätze (Dendrite), von denen einer, der Neurit, besonders lang sein kann. Diese Fortsätze enthalten Nervenfibrillen. Sensorische Nervenfasern[1]) leiten die von den Sinneszellen (s. S. 40) peripher aufgenommenen Reize zum Zentrum hin, motorische Neuronen dagegen in umgekehrter Richtung vom Zentrum zu den Erfolgsorganen. Die motorischen Nerven enden mit feinen Verzweigungen mit und ohne Endplatte an den Muskelfasern. Im Feinbau des Gehirns sind die pilzförmigen Körper von besonderer Bedeutung, da sie ein Gradmesser für Höherentwicklung und Gehirnleistung sind. Bei Arbeiterinnen der Ameisen z. B. erweisen sich die Pilzkörper als höher entwickelt im Vergleich zu Drohnen und zur Königin.

2. Die Sinnesorgane

Die *Sinnesorgane*[2]) besitzen als wesentlichsten Bestandteil die Sinneszellen, die auf bestimmte Reize abgestimmt sind und diese aufnehmen, das heißt, durch sie erregt

[1]) Rein sensorische Nervenzellen fehlen den Insekten.
[2]) Rezeptoren.

werden. Die Weiterleitung der Erregung wird von den Nerven besorgt, die als Leitungsbahnen zu den Erfolgsorganen[1]) hinführen. Diese tätigen als Muskeln, Drüsen u. a. die Reaktionen, deren Ablauf unter natürlichen Verhältnissen als zweckmäßig bezeichnet wird. Die nach dem primären Typus gebauten Sinneszellen liegen innerhalb der Haut oder etwas unter ihr. Sie beginnen mit einem Fortsatz in der Haut oder entsenden mehrere sensorische Äste von unten her an die Epidermiszellen heran. Eine Nervenfaser zieht vom entgegengesetzten Ende der Zelle in ein Ganglion, verzweigt sich dort und tritt mit den Dendriten einer Nervenzelle, einer Schaltnervenzelle, in Kontakt, die die Erregung mittels der Dendriten einer motorischen Nervenzelle über deren Neurit an das Erfolgsorgan weiterleitet, auf dem sich der Neurit verzweigt (Abb. 29). Es wird ein Reflexbogen gebildet. Die Lebensäußerungen der Insekten beruhen auf Reflexen, das heißt auf vererbten, artlich festgelegten Reaktionen, sobald für deren Auslösung die physiologische Gesamtlage gegeben ist, laufen sie automatisch in stets gleichbleibender Weise ab. Das gilt auch für die oft sehr verwickelten Brutpflegeinstinkte, die erblich durchaus festgelegt sind. Besonders bei sozialen Hautflüglern ist aber Gedächtnis nachgewiesen, so daß bei ihnen die Automatismen in engem Rahmen eine gewisse Aktionsbreite haben. Die Insekten handeln nicht

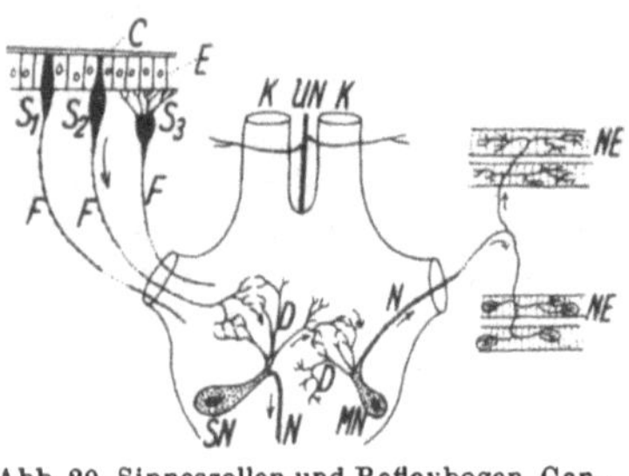

Abb. 29, Sinneszellen und Reflexbogen. Ganglion. — *C Cuticula, D Dendrite, E Epidermis, F* Nervenfaser, *K Konnektiv, N Neurit, NE* Nervenendigungen, *MN* Motorisches *Neuron, SN* Schaltneuron, *UN* unpaarer (sympath.) Nerv, S_1 S_2 S_3 Sinneszellen. Pfeile: Richtung der Erregungsleitung. (In Anlehnung an Weber.)

---

[1]) Effektoren.

aus Einsicht, sondern nur aus Instinkt, der bei höheren Formen eine gewisse Plastizität besitzt. Da die Beurteilung der Funktion der Sinnesorgane vielfach sehr unsicher ist, darf man die vermutete Leistung oft nur mit Vorsicht beurteilen. Jedenfalls nehmen die Insekten chemische, mechanische, Temperatur- und Lichtreize wahr, das heißt, sie riechen, schmecken, tasten, orientieren sich über die Körperlage und die Art der Bewegung, sie hören, erkennen Temperaturunterschiede und sehen.

Die einfachsten Sinnesorgane sind *Sinneshaare*, Haarsensillen, die aus einer Sinneszelle oder mehreren und einem Haar bzw. einer Borste oder einem abgewandelten Chitingebilde (z. B. einer Platte) bestehen (Abb. 30). Das von der Haarbildungszelle umgebene Sinneshaar endet oft mit einem Sinneskörper am Grunde des Haares, das durch eine Membran beweglich ist. Außer solchen Tasthaaren unterscheidet man dünnwandige Riechhaare, Tast- und Riechkegel, Grubenkegel als Geschmacksorgane, Sinnesplatten (Riechfunktion?) und Sinneskuppeln für mechanische Reize. Die *Skoloparien* sind durch ein spezielles Chitingebilde, den Stift[1]), gekennzeichnet. Dieser ist der umgewandelte Sinneskörper der Sinneshaare (Abb. 31). Hierher gehören die *Saiten-* oder *Chordotonalorgane*[2]), die in typischer Ausbildung langgestreckt und saitenartig gespannt sind. Sie können aus einem (Abb. 30) Scolopidium bestehen oder aus mehreren Scolopidien (Abb. 32) zusammengefügt sein und werden z. B. in der Basis der Antennen als *Johnstonesches Organ*, in der Nähe von Gelenken in den Beinen als *Subgenualorgane*[3]) (Abb. 32) und in

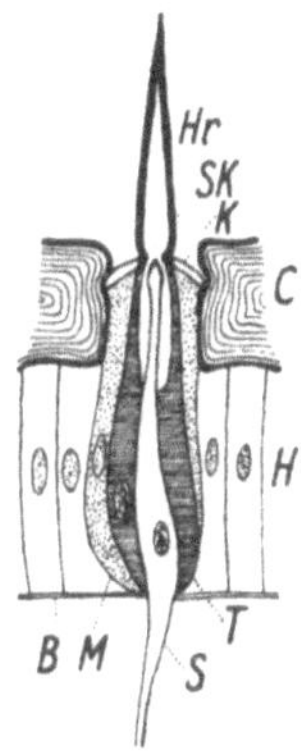

Abb. 30. Sinneshaar, Tasthaar, Schema.— *B* *Basalmembran*, *C* *Cuticula*, *H* Haut, *Hr* Haar, *K* Kuppel (-membran), *M* Membranogene Zelle, *S* Sinneszelle, *Sk* Sinneskörper, *T* trichogene Zelle.

[1]) Scolops. [2]) Chorda = Saite. [3]) von genu = Knie.

anderen Stellen des Körpers angetroffen. Die saitenartige Verspannung kann durch ein Band (Abb. **31**) bewirkt werden, dieses fehlt aber oft (Abb. **32**). Die Organe sind empfindlich für Druck und Zug, z. B. im Kniegelenk, wo sie gleichzeitig über die Lageveränderung der Tibie orientieren. Als Gehörorgane treten die Saitenorgane in Verbindung mit einem Trommelfell[1]) auf, das sich seinerseits einem Tracheenhohlraum anlegt (Abb. **33**), der den Schall an die Sinneszellen weiterleitet. Solche *Tympanalorgane* kommen auf Flügeln, in der Brust und im Hinterleib vor. Das Gehörorgan der Feldheuschrecken liegt jederseits seitlich am ersten Hinterleibsring und be-

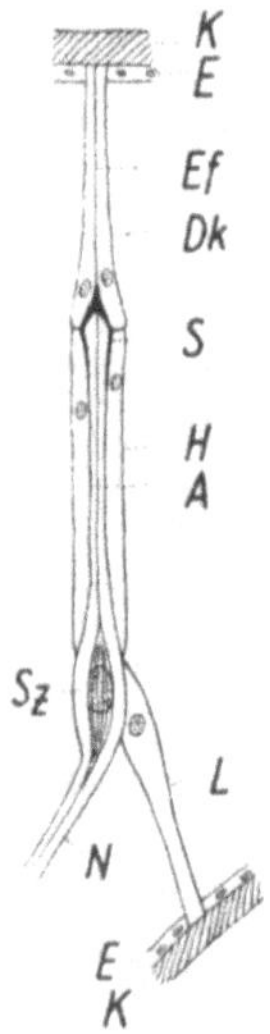

Abb. 31. Einfaches Saitenorgan, nur aus einem *Scolopidium* bestehend. *A* Achsenfaden, *Dk* Deckzelle, *E* Epiderm, *Ef* Endfaden, *H* Hüllzelle, *K* Chitincuticula, *L* Ligament (Verspannung), *N* Nerv, *S* Stift, *Sz* Sinneszelle.[2])

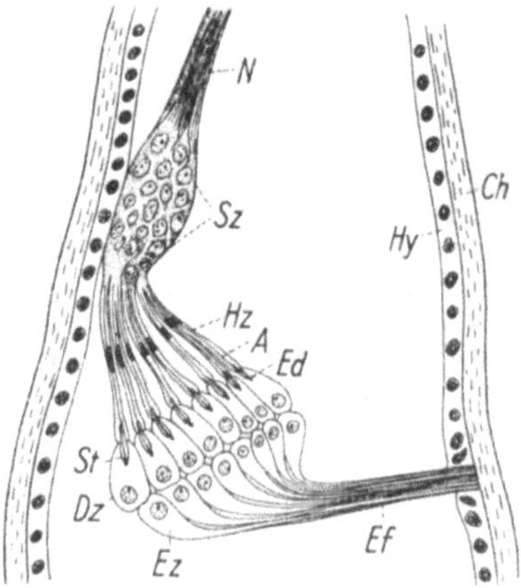

Abb. 32. Chordotonalorgan (*Subgenualorgan*) einer Ameise. — *A* Achsenfaden, *Ch* Chitincuticula, *Dz* Deckzelle (Stützzelle), *Ed* Endknöpfchen des Stiftes, *Ef* Endfaden, *Ez* accessorische Zellen (keulenförmige Zellen), *Hy Hypodermis* (*Epidermis*), *Hz* Hüllzelle, *N* Nerv, *St* Stift, *Sz* Sinneszellen (nach Schön).

[1]) Tympanum. [2]) (nach Eggers.)

gınnt mit einer Grube, an deren Grund das straffe Trommelfell in einen Rahmen eingespannt liegt (Abb. **34** b). Die Laubheuschrecken hören mit den Vordertibien, die mit zwei Trommelfellen ausgestattet sind. Diese liegen entweder frei an der Oberfläche (Abb. **34** a) oder sind in Taschen versenkt (Abb. **33**), die dann durch einen Spalt mit der Außenwelt in Verbindung stehen. *Gehörorgane* sind besonders bei tonerzeugenden Insekten nachgewiesen. Abgesehen von einfachen Klopftönen, wie z. B. die Totenuhren[1]) hervorrufen, bringen viele Arten mit Hilfe von Lautapparaten, *Stridulationsorganen*, bestimmte Töne oder Geräusche hervor. Ein Lautapparat besteht aus chitinigen feilenartigen Leisten und Flächen. Zur Tonerzeugung sind zwei Komponenten erforderlich, wobei der aktive Teil gegen den passiven bewegt wird oder auch beide Partner gegeneinander beweglich sein können. Die sehr vielgestaltigen Schrillapparate können an sehr verschiedenen Stellen des Körpers untergebracht sein. Bei den Laubheuschrecken z. B. ist auf der Unterseite des linken oben liegenden Vorderflügels eine Schrillader vorhanden, auf der Ober-

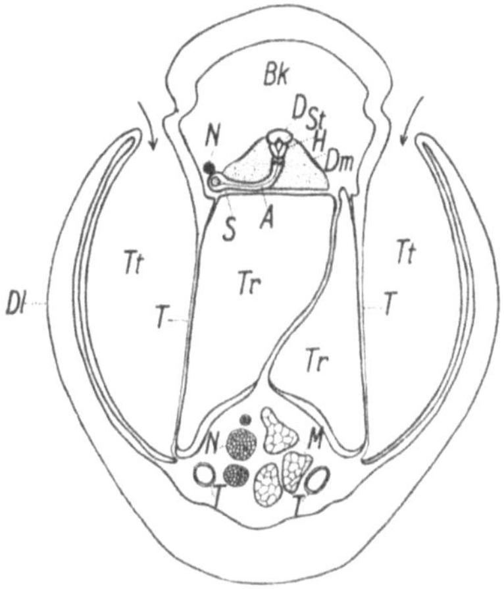

Abb. 33. Gehörorgan, quer, Vordertibie, Warzenbeißer (Locust.). — *A* Achsenfaden, *D* Deckzelle, *Dl* Deckel, *Dm* Deckmembran, *H* Hüllzelle, *M* Muskel, *N* Nerv, *S* Sinneszelle, *St* Stift, *T* Trommelfell, *Tr* Trachee, *Tt* Trommelfelltasche. Pfeil = Spalt.[2])

[1]) Anobium-Arten (Col.). [2]) (In Anlehnung an Schwabe.)

seite des rechten Flügels eine korrespondierende scharfe Leiste. Beim Zirpen werden die Flügel etwas gelüftet und dabei die Schrillader über die Schneide geführt, wobei eine rundliche, neben der Schneide befindliche Membran den entstehenden Ton verstärkt. Die Grillen besitzen eine ähnliche Einrichtung (Abb. 34 c). Die Larve des Waldmistkäfers streicht mit dem Hinterbein, das auf dem Femur eine Zahnreihe trägt, über eine geriefte Stelle auf dem Trochanter des Mittelbeines (Abb. 34 g, h). Der deutlich wahrnehmbare Zirplaut des Totengräbers wird erzeugt, indem das Tier zwei Schrilleisten auf der Oberseite eines Hinterleibsringes gegen je eine scharfe Schrillkante auf der Innenseite jedes Deckflügels bewegt, und zwar zieht es das Abdomen dabei blasebalgartig aus und ein (Abb. 34 d, e, f). Die ♂ Singzikaden sind durch paarige Trommelorgane ausgezeichnet, die am Grunde des Hinterleibes liegen. Eine Schallplatte wird durch Muskelwirkung eingedellt und federt dann wieder in Ruhelage zurück. Der Ton wird von luftgefüllten Räumen im Hinterleib verstärkt. Während nachweisbar die Töne der fertigen Insekten zur Verständigung der Geschlechter untereinander dienen und teilweise erzeugt werden, wenn sich die

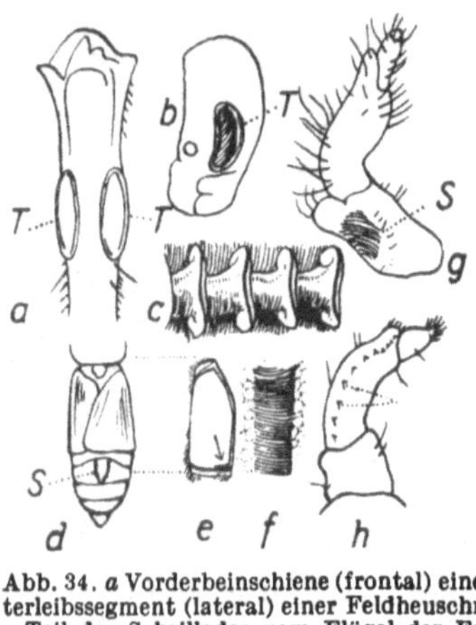

Abb. 34. *a* Vorderbeinschiene (frontal) einer Laubheuschrecke und *b* 1. Hinterleibssegment (lateral) einer Feldheuschrecke mit Tympanalorgan (*T*). — *c* Teil der Schrillader vom Flügel der Feldgrille. — *d* Lautapparat eines Totengräberkäfers mit Schrilleisten (*S*) auf dem Rücken des viertvorletzten Hinterleibsringes. Elytren abgetragen und — *e* Flügeldecke von innen mit der Schrillkante (Pfeil) und — *f* ein Stück der Schrilleiste stärker vergr. — *g* Mittelbein der Larve eines Mistkäfers mit Schrillvorrichtung (*S*) auf der Außenfläche des Trochanters des Mittelbeines und — *h* Hinterbein derselben Larve mit Schrillzahnreihe auf der Innenseite des *Femur*.

Tiere bedroht fühlen, ist der Zweck der Lautgebung bei einsiedlerisch in der Erde oder im Holz lebenden Käferlarven nicht erkennbar.

Lichtsinnesorgane, Augen, sind mit Sehzellen ausgestattet, deren jede einen Stiftchensaum aufweist. Sie ordnen sich um eine gemeinsame Achse, in der sich ihre Stiftchensäume zu einem stabförmigen, das Licht auffangenden und weiterleitenden Rhabdom vereinen. Hinzu kommen lichtbrechende und lichtabschirmende Vorrichtungen.

Die meist in Dreizahl auf der Stirn auftretenden Einzelaugen der ausgebildeten Insekten, die *Ocellen*, weisen eine Linse auf, unter der die zu einer ein- oder mehrschichtigen Retina vereinigten Sehzellen liegen. Von außen kann das Auge durch eine Pigmentschicht abgedichtet sein. Die seitlichen Einzelaugen der Larven höherer Insekten werden als *Stemmata* bezeichnet.

Die *Fazetten-* oder *Komplexaugen* sind aus oft sehr zahlreichen Einzelaugen[1]) zusammengesetzt, deren jedes zum Richtungssehen geeignet ist. Die z. B. bei Libellen zu großen Halbkugeln dicht zusammengedrängten Einzelaugen werden als Sehkeile oder Ommatidien[2]) bezeichnet (Abb. 35). Sie weisen meist die Gestalt von sechsseitigen Pyramiden auf, deren sechseckige Grundfläche von den linsenartigen Hornhäuten eingenommen wird, die in einer gekrümmten Oberfläche liegen und dem Auge das fazettierte Aussehen geben (Abb. 35). Der lichtbrechende Apparat besteht aus der chitinigen Hornhaut (Córnea) und dem darunterliegenden Kristallkegel, der von vier Bildungszellen geliefert wird. Die langgestreckten, zu einem zylindrischen Gebilde zusammengeschlossenen Sehzellen sind mit Stiftchensäumen ausgestattet, die zusammen das Rhabdom liefern[3]). Jede Sehzelle endet in einer Nervenfaser. Die Einzelaugen sind gegeneinander durch

[1]) Die Stubenfliege hat etwa 4000, die Libellen besitzen bis 17000, manche Schmetterlinge bis 27000 Einzelaugen in jedem Komplexauge.

[2]) Von griech. Omma = Auge.

[3]) Sehzellen und Sehstäbchen werden auch als Retinula, kleine Retina bezeichnet.

dunkles Pigment lichtdicht abgeschlossen. Jeder Keil bildet einen winzigen Teil des Gegenstandes ab, so daß das ganze verkleinerte, aufrechte Bild aus lauter Einzelbildchen mosaikartig zusammengesetzt wird (*musivisches Sehen*). Sämtliche in ein Einzelauge fallenden Strahlen werden durch den Kristallkegel so abgebogen, daß sie sich auf dem Rhabdom vereinigen. Wenn die Sehstäbchen sich

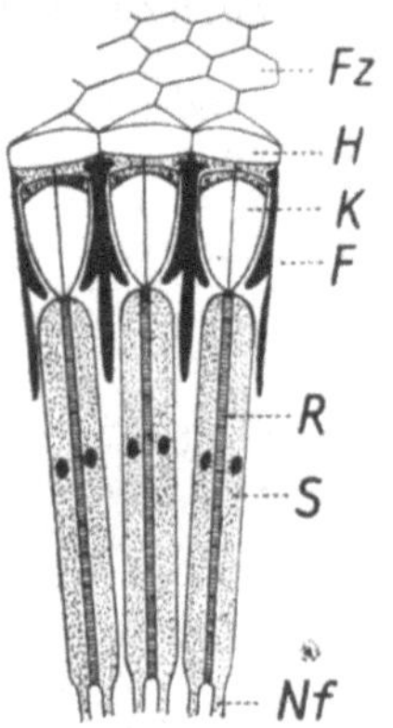

Abb. 35. Drei Sehkeile aus einem Fazettenauge. — *F* Farbstoffzellen (Pigment), *Fz* Fazette, *H* Hornhaut (linsenförmige Chitin-*Cornea*), *K* Kristallkegel, *Nf* Nervenfaser, *R* *Rhabdom*, *S* Sehzelle.

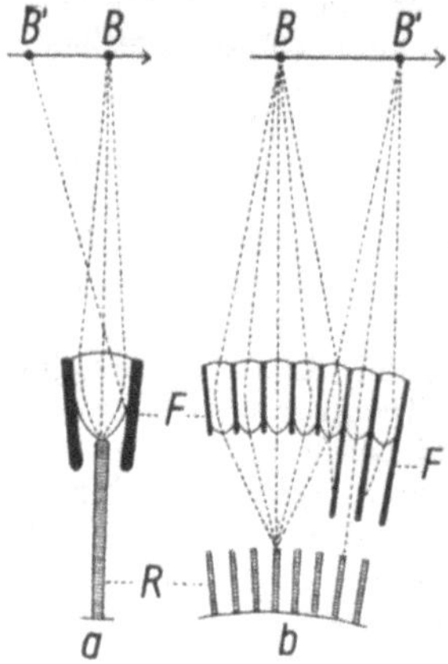

Abb. 36. Strahlengang durch die Kristallkegel — *a* im Appositionsauge, — *b* im Superpositionsauge, das bei starkem Lichteinfall durch Herabwanderung des Pigments zum Appositionsauge werden kann (rechts). — *B*, *B*[1] Bildpunkte, *F* Pigment, *R* Rhabdom (in Anlehnung an Kühn).

unmittelbar an die Kristallkegel anschließen (Abb. 35 und 36a), so können Lichtstrahlen, die in einen Sehkeil hineinfallen, die Nachbarkeile nicht beeinflussen (*Appositionsauge*, Abb. 36a). Sind die Enden der Rhabdome von den Kristallkegeln jedoch räumlich entfernt, so können Lichtstrahlen auch durch benachbarte Kristallkegel zu dem einzelnen Sehstäbchen hingebrochen werden (*Superposi-*

tionsauge, Abb. 36b). Durch Verschiebung des Pigments in Richtung der Sehstäbchen kann ein Superpositionsauge bei starker Helligkeit sich in ein Appositionsauge verwandeln. — Die Komplexaugen können geteilt sein, so daß jederseits zwei völlig isolierte Augen liegen. Das ist z. B. bei Taumelkäfern[1]) der Fall, deren untere beiden Augen beim Schwimmen untergetaucht sind, während sich die beiden oberen über dem Wasserspiegel befinden. — Große vorgewölbte Augen haben ein weites Gesichtsfeld, jedoch sind auch diese nur für das Nahesehen geschaffen. Auf größere Entfernung als 2 m können sie wahrscheinlich nur Bewegungswahrnehmung vermitteln. Farbsehen ist besonders für Bienen nachgewiesen. — Reduktion der Augen bis zum völligen Schwund steht meist in Wechselbeziezung zum Leben im Dunkeln, z. B. Höhleninsekten, oder zum Parasitismus.

Die durch die Sinnesorgane ermöglichte Orientierung im Raum spielt sich in einem Reizgefälle u. a. als Chemo-, Photo-, Geo- und Thigmotaxis[2]) ab, und zwar zu dessen Zentrum hin oder von ihm weg.

V. Der Darm und die Malpighischen Gefäße

Der Darm setzt sich aus Vorder-, Mittel- und Enddarm zusammen (Abb. 2 und 37). Er ist z. B. bei Collembolen ein gerades Rohr, verläuft aber bei vielen Insekten in Windungen. Im allgemeinen besteht zwischen der Länge des Darmes und der Art der Nahrung eine Wechselbeziehung, insofern als das Darmrohr bei Pflanzenfressern länger ist als bei von tierischer Kost sich ernährenden Formen. Vorder- und Enddarm sind als Stomo- und Proctodaeum (s. S. 68) ektodermaler Herkunft und daher von einer chitinigen Intima ausgekleidet, die bei Häutungen mit abgestreift wird. Der Mitteldarm ist entodermal und besitzt keine Intima. Das Darmepithel ist einschichtig, außen von einer aus ringförmig und längs verlaufenden Fasern zusammengesetzten Muskulatur umgeben.

[1]) *Gyrinus*-Arten. [2]) Bewegungsreaktionen auf Berührungsreize.

Der *Vorderdarm* beginnt mit der Mundhöhle, die von den Mundextremitäten umstellt (s. S. 11) ist und in die oft sehr umfangreiche Speicheldrüsen münden (Abb. 2 u. 37). Diese sind paarige Labialdrüsen mit unpaarem Ausführgang im Bezirk der Unterlippe. Sie können zu Seiden- oder Spinndrüsen umgewandelt sein, z. B. bei Schmetterlingsraupen. Der Kokon des Seidenspinners (*Bombyx mori*) besteht aus einem einzigen, bis 1500 m langen Faden.

Es folgt der Rachen[1]), an den von außen Muskeln ansetzen, die teils von der Stirn, teils vom Innenskelett[2]) ausgehen und beim Schlucken tätig werden. Der anschließende Kropf[3]) ist eine sackartige Erweiterung, die z. B. bei Schmetterlingen mit einem Stiel seitlich vom Darm abgesetzt sein kann. Der folgende Kau- oder Vormagen[4]) hat eine starke Muskulatur (Abb. 38) und ist innen in sehr verschiedener Weise mit Zähnen, Dornen oder Haaren ausgestattet. Dementsprechend hat der Vormagen jeweils mehr die Funktion eines Kaumagens oder einer Seihvorrichtung. Der Vorderdarm ragt trichterförmig wie ein Schlauchventil in den Mitteldarm hinein[5]) und bildet an dieser Stelle außerdem einen Schließmuskel (Abb. 38).

Der *Mitteldarm* ist von Zylinderepithel ausgekleidet und

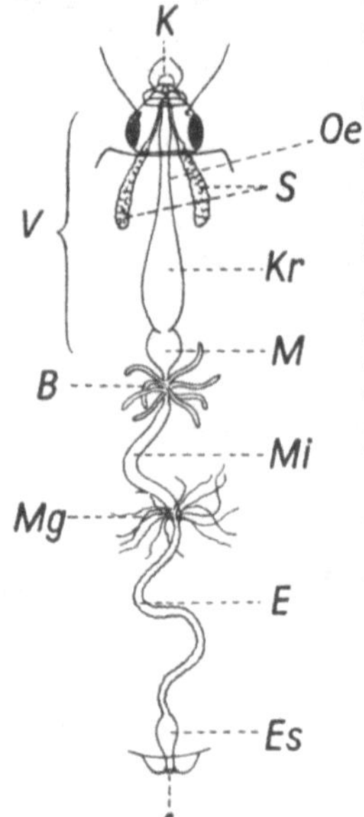

Abb. 37. Darmsystem. — *A* After, *B* Blindschläuche, *E* Enddarm, *Es* Endsack (*Rectalampulle*), *K* Kopf, *Kr* Kropf, *Mg* *Vasa malpighi*, *Mi* Mitteldarm, *Oe* *Oesophagus*, *S* Speicheldrüsen, *V* Vorderdarm.

[1]) Pharynx. [2]) Tentorium. [3]) Ingluvies. [4]) Proventrikel. [5]) Valvula cardiaca.

in verschiedener Anordnung und Anzahl mit Blindschläuchen[1]) versehen. Die durch einen Stäbchensaum ausgezeichneten Mitteldarmzellen sezernieren Verdauungssäfte und resorbieren die gelöste Nahrung in abwechselnden Phasen. Die verbrauchten Zellen werden durch neue ersetzt, die aus Regenerationsnestern stammen. Diese können am Ende der Blindschläuche[2]) untergebracht sein (Abb. 39). Das Epithel in diesen Schläuchen produziert anfangs nur Magensaft (Abb. 39) und resorbiert erst später, wenn es auf die Septen- und Seitenwände des Darmrohres gerückt ist. Der Mitteldarm ist die eigentliche Stätte der Verdauung. In der Gegend der Trichterfalte entsteht aus verdichtetem Sekret der dortigen Mitteldarmzellen die peritrophe Membran, die die Nahrung wie ein dünner Schlauch einhüllt (Abb. 38) und die oft mit dem Kot ausgeschieden wird. Sie ist für Fermente (Carbohydrasen, Tryptase, Lipasen, Cellulase) und gelöste Nahrung durchlässig. Bei extraintestinaler Verdauung wird der Magensaft ausgespien und zersetzt die Nahrung vor der Mundöffnung (praeoral). Diese wird dann im verflüssigten Zustand aufgenommen (z. B. *Carabus*, Silphen, Fliegenmaden u. a.). An der Stelle des Überganges vom Mittel- in den End-

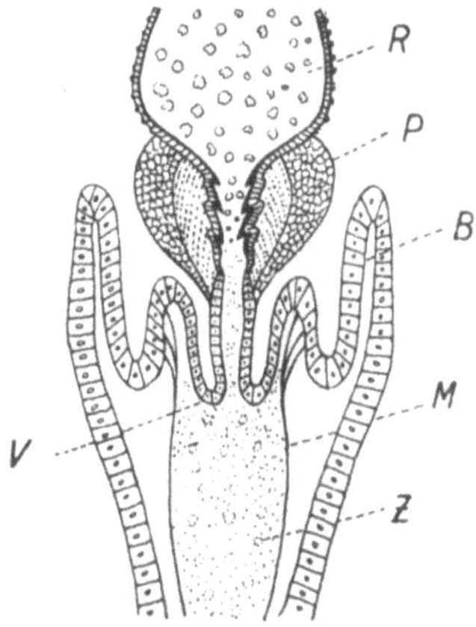

Abb. 38. Schnitt durch Kropf, Proventrikel und Vorderende des Mitteldarmes. Grobe Nahrung im Kropf (*R*) wird in dem mit Zähnen ausgestatteten Proventrikel (*P*) zerkleinert und gelangt in den Mitteldarm, von der *Peritrophen Membran* (*M*) eingescheidet. — *B* Blindschlauch (Krypte), *V Valvula cardiaca*, *Z* Zellmuster.

[1]) Ventrikel, Caeca. [2]) Regenerationskrypten.

darm münden die Malpighischen Gefäße und befindet sich der Pförtner[1]).

Der *Enddarm* kann in verschiedene Abschnitte gegliedert sein und aus Dünndarm sowie Rectum bestehen, das oft blasenartig erweitert ist (Abb. 37). Durch Wasserentzug wird der Kot im Enddarm eingedickt.

Die Nahrungsmenge hängt vom physiologischen Gesamtzustand ab und ist temperaturbedingt. Es gibt Imagines, die überhaupt keine Nahrung aufnehmen, sondern vom Reservefett aus der Zeit des Jugendzustandes leben [z. B. Eintagsfliegen, *Stegobinum*[2]) u. a.].

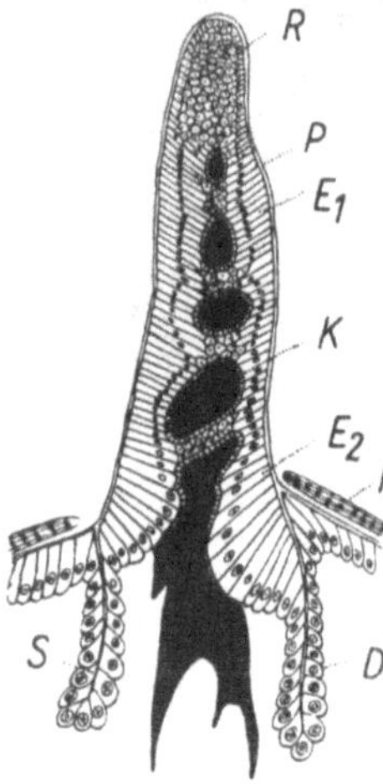

Abb. 39. Kryptenschlauch des vorderen Mitteldarmes einer *Carabus*-Imago. — *D* resorbierende Darmzellen, E_1 jüngere, E_2 ältere Epithelzellen, *K* Sekretkammer, von Stäbchensaum umgeben, *M* Muskulatur, *P Propria*, *S* Septe der *Propria*, in das Darmlumen vorspringend. Verdauungssekret schwarz.

Die Malpighischen Gefäße, die auf der Grenze zwischen Mittel- und Enddarm (Abb. 38) zahlenmäßig sehr verschieden auftreten (0—150), sind Harnorgane, die den Collembolen und Blattläusen fehlen. Es handelt sich in der Regel um blind endende isolierte Schläuche, die frei in die Leibeshöhle hineinragen und peristaltische Bewegungen ausführen. In vielen Fällen legen sie sich aber der Darmwand eng an oder verschmelzen schleifenartig miteinander. Das einzelne Gefäß ist von einer bindegewebigen, schwach muskulösen Hülle umgeben und besitzt ein aus großen, meist flachen Zellen zusammengefügtes Epithel, das innen einen Stäbchensaum aufweist. Ob die Malpighischen Gefäße rein ektodermaler Herkunft sind, ist

[1]) Pylorus. [2]) = *Sitodrepa*.

nicht ganz sicher. Sie scheiden Exkrete, Harnsäure, harnsaure Salze, Karbonate sowie oxalsauren Kalk aus, stehen vielleicht im Dienst des Wasserhaushaltes und können gelegentlich Spinnfunktion (z. B. von *Orchestes fagi* [Col.]) übernehmen.

VI. Das Kreislaufsystem und die Leibeshöhle

Die Leibeshöhle ist vom Kopf bis zum Ende des Hinterleibes ein einheitlicher, aus dem Coelom und der primären Leibeshöhle hervorgegangener Hohlraum[1]). Während jede Gliederung durch Querwände fehlt, sind jedoch meist zwei horizontal ausgespannte Zwerchfelle, das dorsale und ventrale Diaphragma vorhanden, durch die der Hohlraum des Hinterleibes in drei Stockwerke aufgeteilt wird, nämlich den Pericardialsinus, der das **Herz** birgt, den Perivisceralsinus, in dem **Darm, Harn- und Geschlechtsorgane** verlaufen, sowie in den Perineuralsinus, der das **Bauchmark** enthält (Abb. 40) Die Höhlen sind, bei Jugendständen besonders reich, mit Fettkörper ausgefüllt. Dieser besteht aus in Haufen angeordneten, weißlichen Fettzellen, die besonders bei älteren Tieren Stoffwechselendprodukte (Speichernieren) enthalten. Tracheen durchsetzen die ganze Leibeshöhle und übernehmen nebenbei die Aufgabe der fehlenden Aufhängebänder[2]).

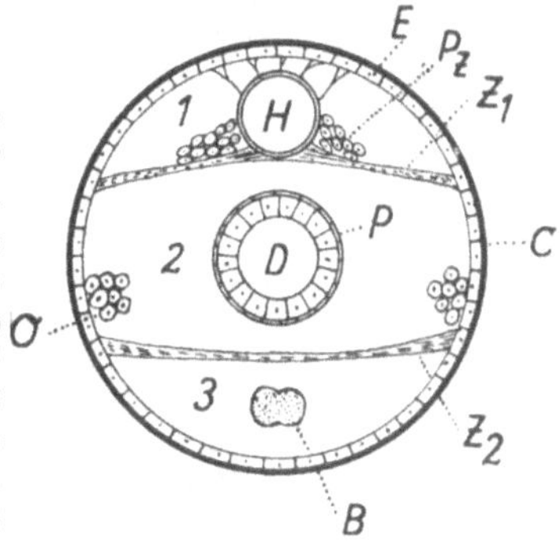

Abb. 40. Leibeshöhle. Hinterleib, quer, schemat. — *B* Bauchmark, *C Cuticula*, *D* Darm, *E* Epiderm, *H* Herz, *O Oenocyten*, *P* Peritonealhülle, *Pz Pericardialzellen*, Z_1 oberes, Z_2 unteres Zwerchfell, 1 *Pericardialsinus*, 2 *Perivisceralsinus*, 3 *Perineuralsinus*.

[1]) Mixocoel. [2]) Mesentherien.

Das Herz ist ein rückenständiges, schlauchförmiges Rohr (Abb. 2) mit paarigen seitlichen Öffnungen[1]). Seine Wand besteht aus glatter Ringmuskulatur. Es durchzieht den Hinterleib, ist hinten geschlossen und verjüngt sich nach vorn in die Aorta, die im Kopf offen mündet. Das Herz kann mit dem Körperrücken durch Fasern verbunden sein (Abb. 40). Seitlich und ventral treten Muskelfasern des oberen Zwerchfells als Flügelmuskeln an das Herz heran. Das Herz kontrahiert sich von hinten nach vorn, wobei die Spaltöffnungen sich schließen und das Blut zum Kopf hin getrieben wird, wo es austritt und in die Körperhohlräume gelangt. Ziehen sich die Flügelmuskeln des dorsalen Phragmas, das in Ruhe dorsal vorgewölbt ist, fortlaufend von hinten nach vorn, zusammen, so wird das Zwerchfell abgeflacht, das Herz erweitert und das Blut aus den ventralen Hohlräumen durch die im Diaphragma vorhandenen Lücken in den Pericardalsinus gepreßt. Mittels dieses Druckes und der Saugwirkung des Herzens strömt das Blut durch die jetzt offenen Spaltöffnungen in das Herzrohr. Auch das untere Zwerchfell, dessen Kontraktionen von vorn nach hinten verlaufen, ist an der Blutbewegung beteiligt. Das Blutgefäßsystem ist also ein offenes. Die Frequenz des Herzschlages ist im allgemeinen temperaturabhängig. Das farblose, gelbliche, rote oder grünliche Blut besteht aus einer Flüssigkeit[2]), in der als geformte Bestandteile weiße, amöboid bewegliche Blutzellen (Leucocyten)[3]) vorhanden sind. Das Blut dient vor allem dem Transport der Nahrung und der Schlacken des Stoffwechsels, da ja der Gasstoffwechsel von den Tracheen durchgeführt wird. Die weißen Blutkörperchen betätigen sich außerdem als Freßzellen[4]), indem sie Fremdbestandteile verdauen oder isolieren. An den Seiten des Herzrohres in Reihen angeordnete Häufchen von Pericardialzellen (Abb. 40) arbeiten offenbar als Nierenorgane[5]). *Oenocyten* sind segmental angeordnete Zellhaufen in der Leibeshöhle und haben vermutlich regu-

[1]) Ostien. [2]) Haemolymphe. [3]) Haemocyten. [4]) Phagocyten.
[5]) Nephrocyten.

latorische Beziehungen zum Blut oder zu den Häutungsvorgängen.

Die *Bluttemperatur* hängt von der Außentemperatur ab, da die Insekten wechselwarm[1]) sind. Durch Muskelarbeit und infolge des damit verbundenen erhöhten Stoffumsatzes kann die Körpertemperatur vorübergehend erheblich ansteigen und weit über derjenigen der Umgebung liegen. Bei ruhenden Insekten kann die Körperwärme unter die Temperatur der Umgebung herabsinken. Außerdem steht die Körperwärme zur Luftfeuchtigkeit in Wechselbeziehung.

Exsudation: Manche Insektenarten lassen bei Beunruhigung ,,giftiges" Blut aus präformierten Gelenköffnungen in den Kniegelenkhäuten reflektorisch austreten, wobei Käfer stets in Thanatose (s. S. 25) verfallen. Durch die Krümmung des Unterschenkels gegen den Oberschenkel wird die Öffnung zwischen beiden frei, und der heraufgesetzte Muskeltonus bewirkt das Hervorquellen von Blutstropfen (Abb. 17). Das austretende Blut von *Meloë*, *Mylabris*, *Lytta* u. a. Meloiden (Col.) enthält Cantharidin. *Timarcha* u. a. Blattkäfer ,,bluten" ebenso wie Coccinelliden. Eine nordafrikanische Wüstenheuschrecke, der Blutspritzer, schleudert aus Öffnungen der Hüften heraus dem Feind weitbogig Blut entgegen. Schildläuse sondern aus besonderen Organen mit Wachs vermischte Blutstropfen zur Abwehr ab.

VII. Die Atmungsorgane

Der Gasaustausch, die Atmung, erfolgt durch paarig angeordnete Tracheen, ein für die Insekten typisches Röhrensystem, das in verschiedenen Ausbildungsstufen angetroffen wird. Die Trachee ist ihrer Anlage nach eine Einstülpung des Ektoderms. Die Einstülpungsöffnung wird zur Atemöffnung, dem Stigma. Die Einzeltrachee ist ein elastisches Röhrchen, außen von einer Basalmembran umhüllt. Darunter liegt das aus flachen Zellen bestehende

[1]) poikilotherm.

Epithel, die Matrix für die das Tracheenlumen auskleidende Chitinintima, die mittels einer spiralig aufgewundenen Leiste verdickt ist, durch die die Trachee offengehalten und die Elastizität der Röhre bei Druck und Zug garantiert wird. Im einfachsten Fall geht von jedem Stigma eine quere Röhre ins Körperinnere, die ihrerseits einen dorsalen, ventralen und visceralen Ast zur Versorgung der Muskulatur, Eingeweide und Gonaden entsendet. Es bildet also ursprünglich jede Trachee eine selbständige Einheit. Auf höherer Ausbildungsstufe werden jedoch die Einzeltracheen durch Quer- und Längsverbindungen zu einem einheitlichen System (Abb. 41). Die Tracheen verzweigen sich vielfältig und umspinnen mit ihren feinsten Ausläufern die inneren Organe, dringen in die Gewebe und in die Zellen ein, wo sie die Oxybiose ermöglichen, also O_2 heranbringen und CO_2 abtransportieren. Die feinsten Tracheenkapillaren[1]) haben keine Chitinleiste, sondern nur eine dünne chitinige Intima. An der Stelle, wo die Spiralleiste aufhört, findet sich meist eine große, sternförmig verästelte, großkernige Tracheenzelle, in deren Ausläufern die Tracheenkapillaren verlaufen (Abb. 42 a). Die Tracheen können bei guten Fliegern in Blasen[2]) enden, oder die ganze Luftröhre kann sackartig[3]) erweitert sein. Diese Bildungen weisen keine Spiralleiste im

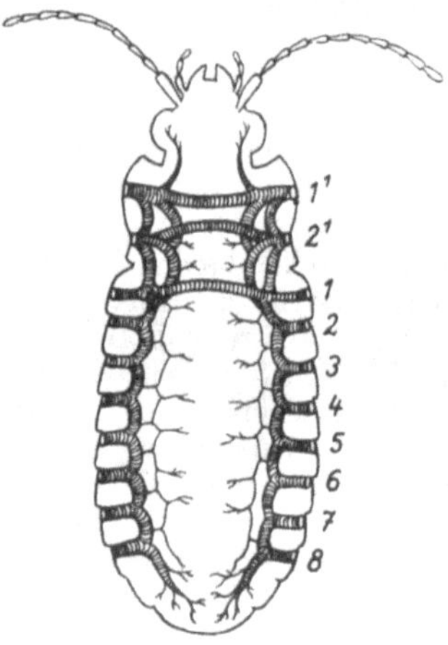

Abb. 41. Tracheensystem eines Laufkäfers. Schema. — 1¹—2¹ Brust. 1—8 Hinterleibsstigmen.

[1]) Tracheolen. [2]) Ampullen. [3]) Luftsäcke.

Innern auf und dienen als Luftreservoire oder manchmal nur als Ventilatoren.

In der Regel sind zehn Paar kreis- oder bohnenförmige bis ovale Stigmen vorhanden, davon zwei Paar seitlich im Brust- und acht Paar im Hinterleibsabschnitt (Abb. 41). Jedoch werden vielfach einzelne oder sämtliche Stigmen verschlossen, oder es verschwinden gewisse Atemöffnungen

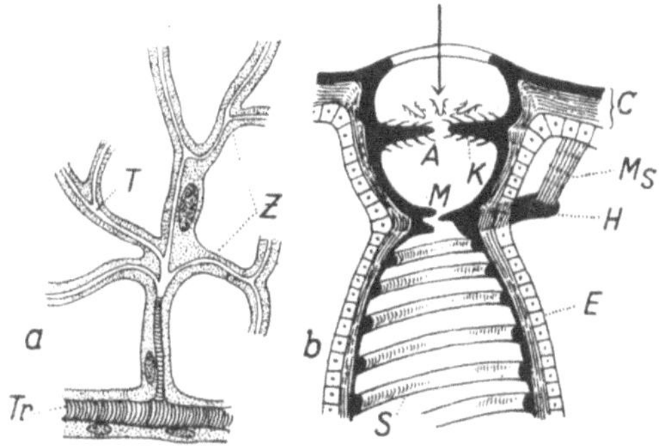

Abb. 42 a) Endverzweigung einer Trachee. — *T* Tracheole, *Tr* Trachee, *Z* Tracheenendzelle. — b) *Stigma* mit *Atrium* (*A*), Reuse (*K*) und Verschlußapparat, dieser mit Verschlußhebel (*H*) und Muskel (*Ms*). Längsschnitt. — *C Cuticula*. *E Epidermis* (*Tracheenmatrix*), *M* Stigmenmund, *S* Spiralfalte der Trachee. Pfeilrichtung des Atemstroms bei der Inspiration.

völlig. Sind alle Stigmen verschlossen, so muß durch die Haut geatmet werden, oder es treten Tracheenkiemen in Funktion (z. B. Eintagsfliegen). Bei parasitischen Dipterenlarven finden sich oft nur Stigmen am siebenten und achten Hinterleibssegment sowie am zweiten Brustabschnitt. Bei im Wasser lebenden Larven (z. B. Junglarven des Gelbrandes, Stechmücken, *Eristalis*), die mit dem Hinterende am Wasserspiegel atmen, sind nur die Atemlöcher des achten Abdominalsegmentes vorhanden. Die Stigmen münden im ursprünglichsten Falle offen, nur von einem Chitinring gestützt, meist aber kommt es zur Ausbildung von Schutz- und Verschlußeinrichtungen. Die

Mündung kann in die Tiefe versenkt werden, so daß ein Vorhof[1]) entsteht, der entweder durch bewegliche Auffaltungen muskulös verschlossen werden kann oder durch ein System starrer behaarter, radiär zum Mittelpunkt gerichteter (falscher) Haare nach Art einer Reusenvorrichtung vor dem Eindringen von Fremdkörpern gesichert wird (Abb. 43 a und 43 b). Der schlitzförmige Stigmenmund

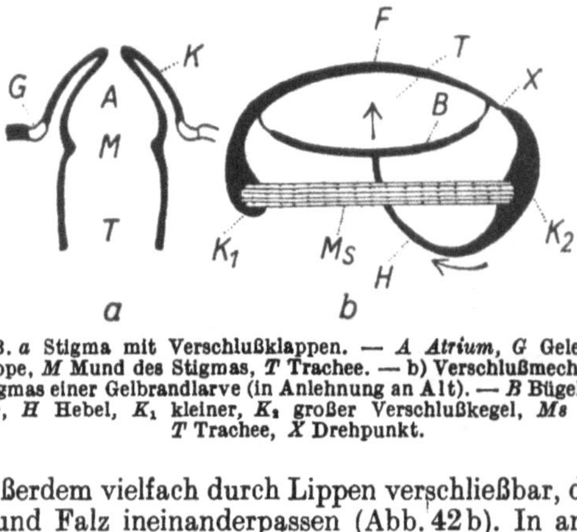

Abb. 43. *a* Stigma mit Verschlußklappen. — *A Atrium*, *G* Gelenkhaut, *K* Klappe, *M* Mund des Stigmas, *T* Trachee. — b) Verschlußmechanismus des Stigmas einer Gelbrandlarve (in Anlehnung an Alt). — *B* Bügel, *F* Chitinfalte, *H* Hebel, K_1 kleiner, K_2 großer Verschlußkegel, *Ms* Muskel, *T* Trachee, *X* Drehpunkt.

ist außerdem vielfach durch Lippen verschließbar, die wie Nut und Falz ineinanderpassen (Abb. 42 b). In anderen Fällen ist der Tracheeneingang durch einen Bügel nach Art eines Quetschhahnes (Abb. 43 b) verschließbar. Tracheenkiemen der im Wasser lebenden Jugendstände sind verschieden gestaltete, zartwandige, ektodermale Ausstülpungen der Haut, in die feinste Tracheenästchen hineinragen (Abb. 44). Der Gasaustausch erfolgt osmotisch. Jugendstände der Eintagsfliegen haben (meist) sieben Paar bewegliche, blattförmige Tracheenkiemen am Hinterleib, die von abdominalen Extremitätenanlagen ableitbar sind. Gleichfalls abdominale, aus Beinanlagen entstandene, oft gegliederte, paarige, fädige Hinterleibskie-

[1]) Atrium, Stigmengrube.

men weisen die Jugendstände der Schlammfliegen (Sialiden) auf (Abb. 18). Bei den Jugendständen der Köcherfliegen (Trichopteren) sind schlauchförmige Kiemen über die Oberfläche des Hinterleibes verteilt, während bei Libellen blattförmige äußere Kiemen am Hinterende oder Kiemblätter im Enddarm (*Anisoptera*) (Darmatmung) angetroffen werden. Zehn Paar fädiger Kiemen finden sich seitlich am Abdomen der Taumelkäferlarven; ebenso hat die Larve von *Hydrophilus caraboides* sieben Paar solcher lateraler Kiemen. Larven der *Helodidae*(Col). atmen mit Hilfe von schlauchartigen Kiemen, die halbkreisförmig den After umstehen.

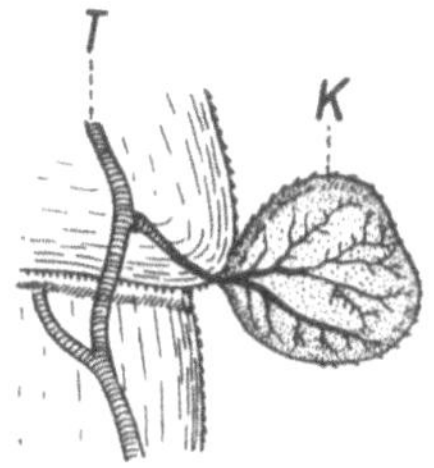

Abb. 44. Kiementrachee einer Libellenlarve. — *K* Kieme, *T* Tracheenast.

Manche Insekten nehmen den zum Atmen erforderlichen Luftvorrat mit unter die Wasseroberfläche. So speichern z. B. Wasserwanzen Luft unter den Flügeln und in seitlichen Atemhöhlen der Brust. Gelbrandkäfer füllen eine zwischen den Elytren und der Rückendecke gelegene Atemkammer mit Luft. Kolbenwasserkäfer bringen mit Hilfe jeweils eines geknickten Fühlers, der wie ein Röhrchen wirkt, von der Wasseroberfläche aus Luft unter die Körperunterseite, die dort als silbrigglänzende Schicht von einem feinen Haarfilz festgehalten wird. Im allgemeinen spielt das Blut bei der Atmung keine Rolle. Blutkiemen sind selten. Die Coxalsäcke der Thysanuren (Abb. 59), durch Blutdruck schwellbar, dürften am Gasaustausch teilnehmen.

Die *Ventilation* der Tracheen geschieht durch Atembewegungen hauptsächlich mittels longitudinaler und dorsoventraler Muskelkontraktionen des Hinterleibes. Durch Muskelkraft wird das Blut gegen die Tracheen gedrückt und dadurch die Gase aus den Tracheen herausgepreßt. Das Einsaugen der Luft ist ein mehr passiver Vorgang, bewirkt durch die Elastizität der Tracheenintima. Atemfrequenz und Intensität der Atmung, meßbar durch den Respirationsquotienten[1]), sind von dem Komplexfaktor: Temperatur und Feuchtigkeit abhängig.

Leuchtorgane

stehen in enger Beziehung zu den Tracheen und dem Fettkörper. Echtes Leuchten findet sich, abgesehen von gewissen Pilzmückenlarven, deren Fettkörper phosphoresziert, vor allem bei Leuchtkäfern verschiedener Gattungen[2]) der Lampyrinae, bei einigen tropischen Schnellkäfern (Cucujos)[3]), bei einem Prachtkäfer[4]) und der Laufkäfergattung *Physodera*. Bei den Lampyrinen leuchten Eier, Larven, Puppen und Käfer. Die Leuchtorgane der Imagines sind am Abdomen untergebracht (Abb. 45), die der Cucujos, die ein besonders helles Licht produzieren, auf der Vorderbrust.

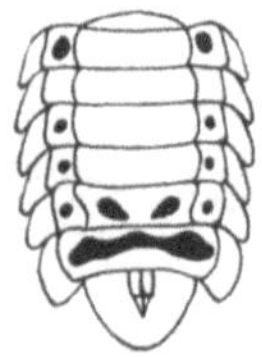

Abb. 45. Leuchtorgane (schwarz) des ♀ von *Phausis splendidula*. Abdomen, ventral.

Bei Embryonen lassen sich Fett- und Leuchtzellen schwer unterscheiden. Später differenzieren sich zwei Zellschichten im Leuchtkörper, nämlich eine ventrale durchsichtige Leuchtschicht und eine darüberliegende reflektierende Uratschicht (mit Kristalleinschlüssen). In der Leuchtschicht verzweigen sich viele Tracheen zu einem Netz. Das grünliche Licht ist physikalisch betrachtet ideal, da keine meßbare Wärme als Nebenprodukt entsteht. Das Leuchten ist ein Verbrennungsvorgang. Die Oxydation erfolgt durch O_2, der von den Tracheolen an die Leuchtzellen herangebracht wird und dort einen Leuchtstoff oxydiert, wobei Lichterscheinungen auftreten. Das Licht, das auf nervöser Basis in gewissen Gren-

---

[1]) R. Q. $= \frac{CO_2}{O_2}$.

[2]) *Lampyris, Phausis, Phosphaenus, Luciola, Photurus, Photinus* (Canthar.).

[3]) *Pyrophorus, Photophorus* u. a. (Elater.).

[4]) *Buprestis ocellata*.

zen reguliert werden kann, dient den Geschlechtern zur Verständigung. Die nur mit Flügelstummeln versehenen, larvenähnlichen ♀♀ locken mit ihren „Laternen" die fliegenden, meist gleichfalls leuchtenden ♂♂ herbei.

VIII. Die inneren Geschlechtsorgane

Die inneren Geschlechtsorgane bestehen aus den paarigen Gonaden (Hoden und Eierstöcken) und den Ausführungskanälen für die Geschlechtszellen (Spermien und Eier) sowie Anhangsdrüsen und Vorrichtungen für die Aufbewahrung des Samens nach der Kopulation nebst Begattungstasche. An die inneren schließen sich die äußeren Geschlechtsorgane an (s. S. 18).

1. Männliche innere Geschlechtsorgane und die Samenentwicklung (Spermiogenese):

Die Hoden[1]) sind stets paarig, manchmal scheinbar verschmolzen. Der Hoden ist entweder schlauchförmig und in diesem Fall meist knäulig aufgerollt oder kamm-, traubenförmig bzw. büschelig. Stets erweist er sich als von einer Peritonealhülle umgeben. Während der schlauchförmige Hoden nur *einen* Follikel darstellt, ist die Zahl der Follikel bei zusammengesetzten Hoden sehr verschieden. Aus jedem Follikel führt ein kurzer Gang (Vas efferens) in den Samenleiter (Vas deferens), der in seinem mittleren Teil geknäult sein kann (Nebenhoden) oder eine unpaare bzw. paarige blasige Auftreibung (Vesicula seminalis) aufweist. Diese Einrichtungen dienen zur Speicherung des Samens und enthalten ein Sekret, das von Anhangsdrüsen (Abb. 46) geliefert wird. Die paarigen Samenleiter münden in den unpaaren Ausleitungskanal (Ductus ejaculatorius).

Im Spitzenteil des Follikels liegen Ursamenzellen (Spermatogonien) und Epithelzellen nebeneinander. Es sind also, wie im Eischlauch, Keim- und Körperzellen (somatische Zellen mesodermaler Herkunft) vorhanden.

[1]) Testikel.

Nachdem sich die Spermatogonien mehrmals durch Äquationsteilung (Gleichheitsteilung) mit Weitergabe der diploiden Chromosomenzahl vermehrt und sich radiär um eine zentrale Nährzelle herum geordnet haben, werden sie von einem Epithelmantel umhüllt, den die mesodermalen Zellen liefern. Es entstehen Spermatozysten, in denen die Geschlechtszellen in ähnlicher Weise ernährt werden wie die jungen Eier in ihrem Eifollikel. Mit solchen Zysten ist fast der ganze Hodenfollikel angefüllt. In der Zyste geht die Umbildung der Spermatogonien zu Spermatocyten (Vorsamenzellen) durch Äquationsteilung vor sich. Dann erfolgen Reifungsteilungen, deren erste in der Regel eine Reduktionsteilung ist, die die Chromosomenzahl auf die Hälfte herabsetzt, während die zweite Teilung eine Äquationsteilung darstellt. Die Spermatiden sind demnach haploid und wandeln sich zu beweglichen befruchtungsfähigen Spermien um. Diese liegen in Bündeln, mit den Köpfen alle nach derselben Richtung nebeneinander.

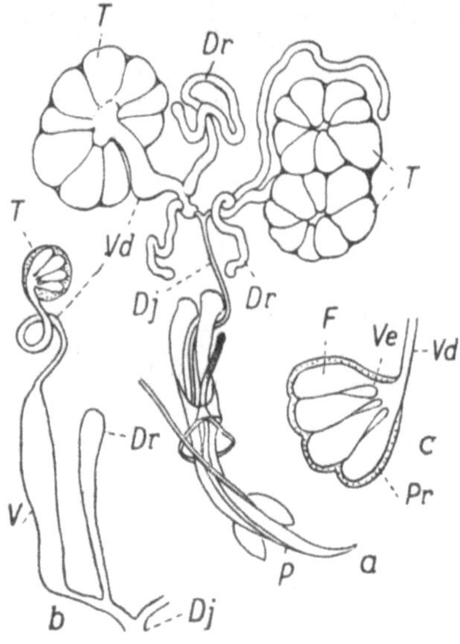

Abb. 46. *a* ♂ innere Geschlechtsorgane eines Käfers (*Anthonomus pomorum*). — *b* Hoden eines Insektes. — *c* Längsschnitt durch einen Hoden. — *Dj* Samenausführgang (*Ductus ejaculatorius*), *Dr* Anhangsdrüse, *F* Follikel, *P* Penis, *Pr Peritoneal*hülle, *T* Testikel (Hoden), *Vd* Samenleiter (*Vas deferens*), *Ve Vas eferens*.

Schließlich reißt die Zystenwand ein, und die Spermien schwimmen dann meist unregelmäßig verteilt in dem Sekret, das von den Anhangsdrüsen stammt. In manchen Fällen werden die Spermien portionsweise von einer erhärteten Sekrethülle umgeben als *Spermatophore* zusammengefaßt. Das Kopfstück der Spermie läuft oft in eine feine Spitze aus, die hakig gekrümmt oder harpunenartig sein kann. Solche und ähnliche Einrichtungen sollen das eindringende Spermium im Eiplasma verankern. Viele Spermatozoen besitzen einen von einem Flimmersaum umzogenen Schwanzfaden.

2. Weibliche innere Geschlechtsorgane und Eientwicklung (Oogenese):

Die meist paarigen Eierstöcke (Ovarien) sind kammförmig, traubig oder büschelig und setzen sich aus Eiröhren (Ovariolen) zusammen, die zahlenmäßig sehr verschieden sind. Bei *Onthophagus*-Arten (Col.) ist nur ein Ovar mit einer einzigen Eiröhre vorhanden, alle anderen Teile sind rückgebildet. Die Eiröhre beginnt mit einem zarten Endfaden. Es folgt die Endkammer (Abb. 47), an die sich die reihig angeordneten Eikammern anschließen. Die Eiröhre ist von einer Hülle umgeben. Das reife Ei gleitet durch den Stiel jederseits in den Eileiter (Ovidukt). Beide Eileiter vereinigen sich zum unpaaren Eiergang, der mit der Scheide endet, deren Wand mit Kittdrüsen ausgestattet ist und in die ein Receptaculum seminis (nebst Drüse)

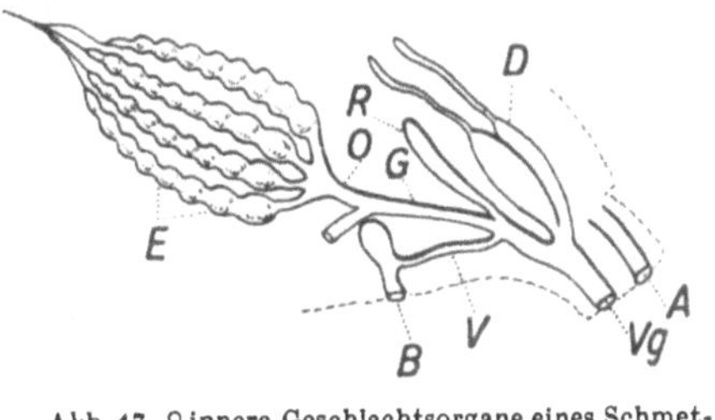

Abb. 47. ♀ innere Geschlechtsorgane eines Schmetterlings. — *A* After, *B* Eingang zur *Bursa copulatrix*, *D* Anhangsdrüsen, *E* Eierstock, *G* Eiergang, *O* Eileiter, *R* *Receptaculum seminis*, *V* Verbindungsgang zwischen *Bursa* und Scheide. (Ein Ovar ist weggeschnitten.)

zur Aufnahme des Samens mündet. Außerdem besitzt die Scheide eine sackartige Ausstülpung, die Bursa copulatrix, die den Schwellsack des Penis bei der Begattung aufnimmt (Abb. 47). Bei den Schmetterlingen öffnet sich die Begattungstasche nach außen (Abb. 47) und nimmt die aus den Samenpatronen (Spermatophoren) stammenden Spermien auf. Die eigentliche Geschlechtsöffnung dient nur zur Ausleitung der Eier.

Anhangsdrüsen (akzessorische Drüsen) mit verschiedenen Aufgaben münden in die Ovidukte bzw. Scheide oder hinter der Geschlechtsöffnung. Sie sondern Kittsubstanz für die Eier oder Schmiere ab. Bei Stachelbienen sind die Anhangsdrüsen zu Giftdrüsen umgewandelt. Sie bestehen aus paarigen Gebilden, die in ein sackartiges Reservoir münden, sowie einer wurstförmigen unpaaren Drüse. Sie liefern Giftsekret, das von dem aus dem Legeapparat hervorgegangenen Giftstachel ausgeleitet wird. Große paarige Anhangsdrüsen der Eileiter der Hydrophiliden (Col.) fungieren als Spinndrüsen bei der Herstellung der Eikokons.

Man unterscheidet hauptsächlich zwei Eischlauchtypen: 1. panoistische Ovarialschläuche *ohne* Nährzellen und 2. meroistische Eischläuche *mit* Nährzellen für die Eier (Abb. 48). In den Endkammern sind neben Urgeschlechtszellen und Voreiern (Oocyten) Epithelzellen vorhanden, die die spätere Wand der Eikammer, das Follikelepithel, liefern. Die Ernährung der wachsenden Eier im panoistischen Follikel wird vom Follikelepithel bewirkt, das die Nährstoffe seinerseits aus dem Blut entnimmt. Der meroistische Typ tritt in zwei Erscheinungsformen auf, nämlich als *telotropher* mit nur *einer* endständigen Nährkammer (Abb. 48 c) und als *polytropher* mit *mehreren* durch je ein Ei voneinander getrennten Nährkammern (Abb. 48 b). Die Nährzellen sind abgewandelte Oocyten, die sich teils durch fortlaufende Teilungen zu Eiern, teils zu Nährzellen umwandeln. Im telotrophen Eischlauch bleiben die Eier durch Nährstränge (Abb. 48 c) mit der Endkammer in Verbindung, die zugleich die Aufgabe einer

Nährkammer hat. Nur das reifende Ei wird auch in diesem Fall, kurz vor dem Abschluß seines Größenwachstums, vom Follikelepithel ernährt. Nachdem das Eiplasma eine

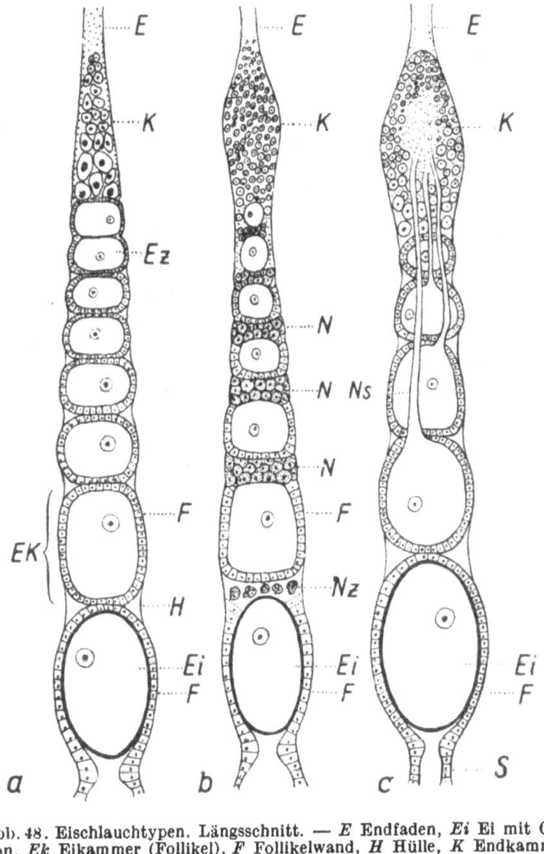

Abb. 48. Eischlauchtypen. Längsschnitt. — *E* Endfaden, *Ei* Ei mit Chorion, *Ek* Eikammer (Follikel), *F* Follikelwand, *H* Hülle, *K* Endkammer, *N* Nährkammer, *Ns* Nährstrang, *Nz* degenerierte Nährzellen, *S* Stiel.

Dotterhaut abgeschieden hat, bringt das Follikelepithel eine äußere zweischichtige Eihülle, das Chorion, hervor. Dieses ist skulptiert und oft mit Fortsätzen versehen, die u. a. zur Befestigung des Eies an oder in einer Unterlage dienen.

Die Zahl der Eier ist sehr verschieden. Sie wird allgemein um so größer, je höher die zu erwartende Vernichtungsziffer der späteren Jugendstände ist. Insekten, deren Art der Eiunterbringung verhältnismäßig gesicherte Entwicklungsbedingungen für die Nachkommen ermöglicht, legen meist nur wenig Eier. Die Farbe der frei abgelegten Eier ist oft rot, gelb, braun oder gemustert. In dunklen Verstecken untergebrachte Eier sind dagegen fast stets gelblich-weißlich. Die Gestalt der Eier erweist sich als gleichfalls sehr verschieden. Es gibt kugelige, ellipsoide, spindelförmige, linsenartig abgeplattete und napf-, krug- oder tönnchenförmige Eier. Die Ablage der Eier erfolgt einzeln, in Häufchen, Reihen oder Platten. Manchmal sind sie mit Schutzhüllen versehen.

Das eigentliche ,,Bildungsplasma" des Eies befindet sich als dünne Schicht unter der Dotterhaut als oberflächliches Keimhautblastem (Abb. 49), als Plasmahof um den im Zentrum liegenden Kern herumgelagert sowie als großmaschiges Netzwerk zwischen Blastem und Plasmahof ausgebreitet. Das Netzwerk ist mit Dotterkugeln und Fetttröpfchen ausgefüllt (zentrolecithaler Eityp). Nur die Eier weniger Formen, z. B. mancher parasitärer Schlupfwespen und der Collembolen, sind sehr dotterarm.

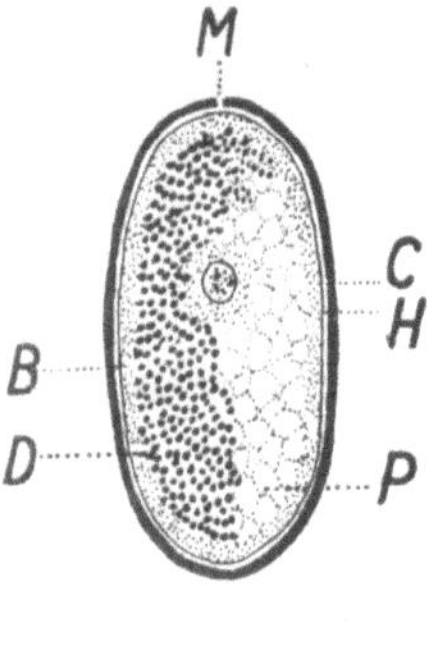

Abb. 49. Ei. — *B* Blastoderm, *C* *Chorion*, *D* Dotter, *H* Dotterhaut, *M* *Micropyle*, *P* Plasma. Im Innern Eikern mit Plasmahof. Dotter nur links eingezeichnet (nach Weber).

b) DIE FORTPFLANZUNG

1. Eireifung, Befruchtung und Eifurchung

Öffnungen in der Eischale, die Mikropylen, lassen die Spermien bei der Besamung eintreten. Dieses ereignet sich beim Vorbeigleiten des Eies an der Ausmündung des Receptaculum seminis, aus dem eine Anzahl von Spermatozoen herausgepreßt wird. Einige von ihnen dringen durch die Mikropyle in das Ei ein, aber nur *ein* Spermium gelangt zur Befruchtung. Gleichzeitig setzt die Eireifung in Gestalt von zwei Reifungsteilungen ein, deren eine eine Reduktionsteilung ist, also die Zahl der Chromosomen hälftet. Von den vier Teilprodukten gehen drei als abortive Eier (Pol- oder Richtungskörper) zugrunde, während die vierte Tochterzelle, die sich durch besondere Größe von den drei kleinen Polzellen unterscheidet, zum ♀ *Vorkern* mit haploider (halber) Chromosomenzahl wird. Aus dem Mittelstück des Spermiums ist inzwischen das Zentrosoma, das nunmehrige Energiezentrum des vorher zentralkörperchenlosen Eies, frei geworden, hat sich geteilt, seine Teilprodukte sind zu den Polen des Eies gewandert und haben zwischen sich die Kernspindel ausgebildet. Der ♂ haploide Vorkern hat sich mit dem ♀ Vorkern vereinigt, die Kernmembranen lösen sich auf, die Chromosomen, die sich herausgebildet haben, treten ins Zytoplasma über, ordnen sich in der Äquatorialebene des Eies an und werden dann von den Fasern der Kernspindel nach erfolgter Äquationsteilung, der ersten Furchungsteilung, zu den Polen hingezogen, wo sie sich je in einem neugebildeten Kern vereinigen, jeder mit der artkonstanten diploiden Zahl der Kernschleifen, wobei je ein Partner jedes Chromosomenpaares vom ♂, der andere vom ♀ stammt. Während sich z. B. das dotterarme Ei der Collembolen anfangs total furcht, das heißt in etwa gleich große Furchungszellen (Blastomeren) aufgeteilt wird, ist in der Regel beim dotterbeladenen Ei der meisten Insekten die Furchung eine oberflächliche (superficielle), das heißt der Furchungskern teilt sich vielfach, und die Tochterkerne wandern zur Peripherie (Abb. 50 a), dringen in das Blastem ein und ordnen sich mit diesem zu einem einschichtigen Blastoderm an (Abb. 50 b). Die so entstandene „Blastula“ ist im Innern mit Dotter angefüllt, in dem einige Furchungskerne als Dotterkerne zurückbleiben, um den Dotter abzubauen.

II. Die Keimblätterbildung und Keimesentwicklung (Embryogenese)

Das ursprünglich aus gleich hohen Zylinderzellen bestehende Blastoderm differenziert sich weiterhin, indem ein Teil der Zellen sich verdickt. Es entsteht so der etwa ovale Keimstreifen, der die Bauchseite des zukünftigen Embryo darstellt (Abb. 50 c). Der Rest des am Aufbau des Embryo nicht weiter beteiligten Blastoderms plattet sich ab und liefert später die (meist vorhandenen) Keimhüllen: die Serosa und das Amnion. Inzwischen senkt sich der mittlere Teil des Keimstreifens ein (Abb. 50 d), und es entsteht die Primitivrinne, die von den Seiten her von zwei sich als Falten einander nähernden Seitenplatten überdacht wird, die sich schließlich berühren (Abb. 50 e) und als einheitliche Platte das äußere Blatt (Ektoderm) liefern, während der darunterliegende, ursprünglich eingesunkene mittlere Teil das sogenannte „untere Blatt“ (Abb. 50 e) bildet, das in sich das innere Blatt (Entoderm) und das mittlere Blatt (Mesoderm) vereinigt. Jetzt oder oft schon während der Bildung der Primitivrinne erheben sich von den Rändern des Keimstreifens aus doppelwandige Falten des außerembryonalen Blastoderms (Abb. 51 a), die sich über den Keim hinwegschieben, sich in der Mittellinie des Keimes treffen und durch Vereinigung der inneren Wände die innere Hülle des Keimes, das Amnion, entstehen lassen (Abb. 51 b). In der mit Flüssigkeit gefüllten Amnionhöhle liegt der Embryo. Die ganze Keimanlage ist jetzt von der Serosa umgeben, die sich von dem Amnion bei dessen Entstehung gesondert hat (Abb. 51 b). Dieser Art der Amnionbildung durch *Überwachsung* steht die Methode der Herausbildung des Amnions durch *Einstülpung* der Keimanlage in den Dotter gegenüber, wobei ein Teil außerembryonalen Blastoderms mit in die Tiefe gezogen und zum Amnion wird.

Während der frühen Keimentwicklung werden gewisse Krümmungen vollführt, Vorgänge, die man als *Blastokinese* bezeichnet. Auf eine Dorsalkrümmung, während der Kopf- und Schwanzteil des Keimes nach der Dorsalseite hin gekrümmt sind, kann eine *Umrollung* folgen, das heißt ein Übergang von der dorsalen zur ventralen Krümmung.

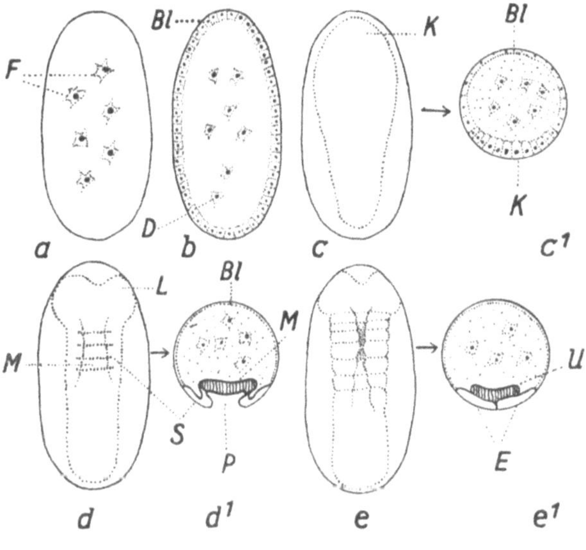

Abb. 50. Oberflächliche Furchung des Eies und Anlage des Keimstreifs. — *a* Furchungskerne im Dotter. — *b* Blastoderm und Dotterkerne. — *c* Keimanlage, Bauchseite des Embryo. — c^1 Querschnitt durch *c*. — *d* Keimanlage mit eingesenkter Mittelplatte und beginnende Segmentierung. — d^1 Querschnitt durch *d* mit Primitivrinne. — *e* Keimanlage mit fortgeschrittener Segmentierung. — e^1 Querschnitt durch *e* mit Ektoderm und unterem Blatt. — *Chorion* fortgelassen. — *Bl Blastoderm*, *D* Dotterkerne, *E* Ektoderm, *F* Furchungskerne, *K* Keimanlage, *L* Kopflappen, *M* Mittelplatte, *P* Primitivrinne, *S* Seitenplatte, *U* Unteres Blatt.

5*

Die Segmentierung der Keimanlage in Gestalt seichter Querfurchen kann schon bei sehr jungen Keimanlagen beginnen. Vom Differenzierungszentrum aus schreitet die Segmentbildung nach vorn und hinten vor. Das Differenzierungszentrum wird von dem im hinteren Eipol gelegenen Bildungszentrum aktiviert, wie Schnürungsver-

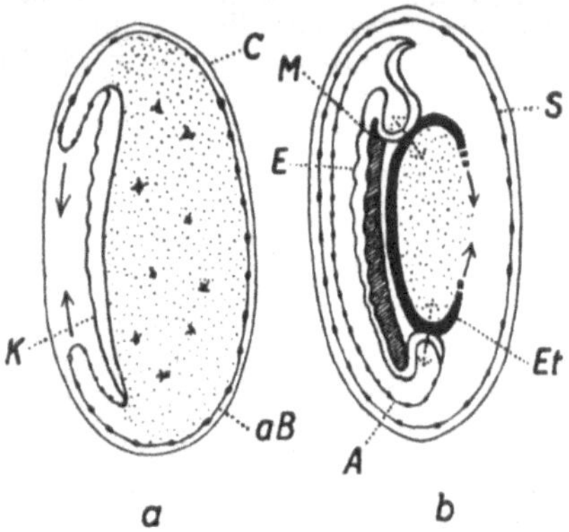

Abb. 51. Keimentwicklung. Längsschnitte durch das Ei. — *a* das *extraembryonale* flache *Blastoderm* bildet *Amnion*falten, die in Richtung der Pfeile sich entgegenwachsen. — *b Amnion* und *Serosa* sind ausgebildet. Der Keim besteht aus Ekto-, Meso- und Entoderm. Am Vorderende hat sich der Vorderdarm, am Hinterende der Enddarm eingestülpt. Punktierte Pfeile deuten den späteren Durchbruch zum Mitteldarm an. Dotter punktiert. Der Mitteldarm (Entoderm) schließt sich später in Richtung der Pfeile zum Rohr. — *A Amnion*, *aB* außerembryonales Blastoderm, *C Chorion*, *E* Ektoderm, *Et* Entoderm, *K* Keimanlage, *M* Mesoderm, *S Serosa*.

suche an Eiern lehren. Das Ektoderm des schon mit Gliedmaßenanlagen ausgestalteten Keimstreifens stülpt sich jetzt vorn zum Stomodaeum, Vorderdarm, und hinten zum Proctodaeum, Enddarm, ein. Dadurch entstehen Mund und After. Gleichzeitig gliedert sich das untere Blatt in einen Mittelstrang und zwei seitliche Streifen. Die Seitenstreifen liefern das Mesoderm, in welchem die paarigen Ursegmente (Coelomsäcke) angelegt werden, die sich später gegeneinander öffnen, das heißt verschmelzen und mit der primären Leibeshöhle die definitive Leibeshöhle bilden. Das Entoderm entsteht im Zusammenwirken je eines Zellhaufens am blinden Ende von Stomo- und Proctodaeum und (meist) des Mittelstranges des unteren Blattes. Der Keim setzt sich nunmehr aus drei Keimblättern, Ekto-, Meso- und Entoderm, zusammen (Abb. 51 b). In den meisten Fällen werden an den Hinterleibssegmenten die Beinanlagen angelegt und bald wieder abgebaut. Nur die Beinknospen des ersten Hinterleibssegmentes werden, z. B. bei Käfern, zu Drüsen umgewandelt, die man als embryonale Organe unbekannter Funktion als Pleuropoden bezeichnet.

Experimentelle Eingriffe während der frühen Keimentwicklung zeigen, daß auch die Insekteneier mehr oder weniger ausgesprochene *Regulations-* bzw. *Mosaikeier* sind.

Die Urgeschlechtszellen werden oft schon sehr frühzeitig, z. B. schon vor der Blastodermbildung, abgesondert, jedoch stets in die Coloemsäcke aufgenommen, nach deren Verschmelzung sie sich zu paarigen, gestreckten Geschlechtsleisten umformen.

Bisher besteht der Keim nur aus den nahezu flach ausgebreiteten drei Keimblättern der Bauchseite. Damit der Rücken entstehen kann, muß das Ektoderm beidseitig unter der Serosa emporwachsen und die ganze Embryonalanlage umfassen. Da die beiden sich entgegenwachsenden Ränder des Keimstreifs sich dorsal median vereinigen, entstehen Seiten und Rücken des Embryo. Gleichzeitig schließt sich das Entoderm zum Mitteldarmrohr, das den Dotter einschließt. Dorsal bildet sich das Herzrohr aus paarigen Anlagen, deren Zellmaterial (Cardioblasten) vom Coelom abstammt. Ventral sondern sich paarige Streifen (Primitivwülste) vom übrigen Ektoderm ab und bilden das Bauchmark (Abb. 52).

Als Folge der seitlichen Umwachsung des Dotters durch den Keim gehen die Keimhüllen zugrunde. Reste finden sich unter Umständen als röhrenförmiges Dorsalorgan, das schließlich im Innern des Embryo degeneriert.

Der *Anteil der Keimblätter an der Organbildung des Keimes* ist wie folgt. Das *Ectoderm* liefert: Haut, Drüsen, Tracheen, Nerven, Vorder- und Enddarm, Malpighische Gefäße, unpaare Ausführgänge der Geschlechtsorgane. Das *Mesoderm* ergibt: Muskulatur, Herz, Diaphragmen (s. S. 51), Blutzellen, Fett, paarige Ausführgänge der Gonaden. Das *Entoderm* läßt den Darm aus sich hervorgehen. Die Dauer der Embryonalentwicklung ist von Temperatur und Feuchtigkeit abhängig.

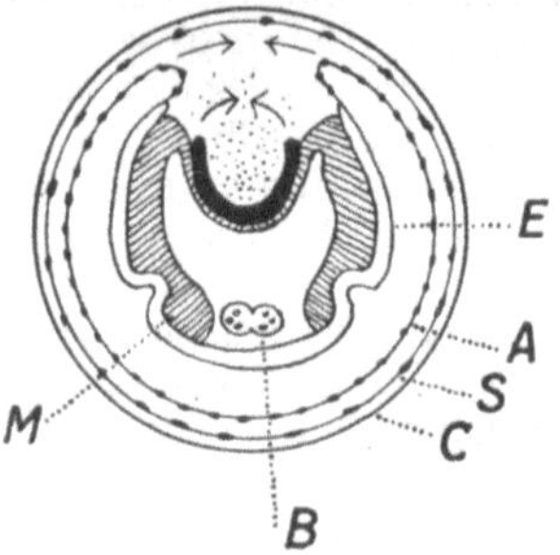

Abb. 52. Seitliches Emporfalten der Keimblätter. Querschnitt durch die Keimanlage. Die Pfeile deuten die Richtung des späteren dorsalen Zusammenschlusses an. Dotter punktiert. Entoderm schwarz. Mesoderm schraffiert. — *A Amnion*, *B* Bauchmark, *C Chorion*, *E* Ektoderm, *M* Mesoderm, *S Serosa*.

Das Ausschlüpfen aus dem Ei. Kurz vor dem Schlüpfen können in vielen Fällen lebhafte Bewegungen des Embryo beobachtet werden, sog. Schlüpfwehen. Sie äußern sich in vorübergehenden Auftreibungen oder Verjüngungen des Chorions. Der schlüpfbereite Keim übt auf die Eischale einen sehr hohen Druck aus. In vielen Fällen sind die Embryonen mit Hilfswerkzeugen ausgestattet, um mit diesen von innen her das Chorion einzureißen. Solche *Eischalensprenger* treten als paarige oder unpaare chitinige Zähne, Dorne oder Sägen auf der Unterlippe, der Stirn, an der Brust oder am Hinterleib auf. Sie werden entweder gleich beim Schlüpfen mit der Embryonalhaut abgeworfen oder verschwinden mit der Larvenhaut bei der ersten Larvenhäutung.

In der Regel durchläuft der Keim seine Entwicklung außerhalb des Mutterkörpers. In gewissen Fällen jedoch kommt es zur Ovoviviparie, das heißt, der Keim entwickelt sich völlig innerhalb des mütterlichen Organismus und wird, noch in der Eischale eingeschlossen, geboren. Manchmal geht die Entwicklung bis zur fertigen Larve. Diese Larviparie (Viviparie) kann sich bis zur Geburt verpuppungsreifer Larven (z. B. *Glossina*) erstrecken, wobei die Larve schon im Uterus, wie hier die Vagina bezeichnet wird, die Eihüllen abstößt und sich von einem Sekret ernährt, das von Anhangsdrüsen der Scheide geliefert wird. Die Trächtigkeit ist lokalisiert in den Eileitern, Eischläuchen oder in der Leibeshöhle, wie z. B. bei den pädogenetischen (s. S. 109) Mückenlarven *Miastor*.

III. Brutfürsorge und Brutpflege

Die Maßnahmen, die von den Insekten im Hinblick auf die Zukunft der Nachkommen getroffen werden, können als *Brutfürsorge* und *Brutpflege* unterschieden werden. In allen Fällen handelt es sich um vorausschauende (providente) Handlungen. Wenn sich die Tätigkeit eines Elterntieres nur auf providente Verrichtungen bis zum Zeitpunkt der vollzogenen Unterbringung der Eier erstreckt, so sprechen wir von Brutfürsorge. Sobald aber darüber hinaus noch eine direkte elterliche Pflege von Eiern, Larven und Jungimagines stattfindet, haben wir Brutpflege vor uns. – Die *Brutfürsorge* besteht im einfachsten Fall in der Unterbringung der Eier an geeigneten Orten. Ein höherer Grad wird erreicht, wenn die Mutter die Eier mit besonderen Schutzhüllen umgibt oder wenn für Schutz und Nahrung der zukünftigen Larven gesorgt wird, etwa in der Form, daß diese Nahrung sehr kunstvoll zubereitet wird (z. B. Eintragen von Dung in unterirdische Stollen bei Mistkäfern, die Herstellung von Blattwickeln bei Rüsselkäfern und das Kneten sowie Eingraben von Dungpillen bei Pillendrehern). In anderen Fällen werden durch Stich gelähmte Raupen und andere Insekten oder Spinnen in gegrabene Röhren als Larvenfutter eingetragen (Grabwespen). Einzeln lebende Bienen füllen die von ihnen gebauten Zellen mit Honig und Pollen und legen auf diese Masse ein Ei, so daß die schlüpfende Larve auf ihrer Nahrung schwimmt.

Brutpflege legt z. B. als Vertreter der Urinsekten *Japyx* an den Tag (s. S. 85). Beispiele aus dem Bereich der höheren Insekten sind: der Ohrwurm[1]), indem das ♀ die Eier betreut und die Jungen versorgt. Totengräberkäfer (*Necrophorus*) versorgen ihre Brut nicht nur mit Nahrung in Gestalt von Aas, sondern füttern die Larven direkt aus dem Munde. Den höchsten Grad von Brutpflege erreichen die in Staaten lebenden sozialen Bienen, Hummeln, Papierwespen, Ameisen und Termiten. Die Bienen füttern die Brut mit Honig, Pollen und Futtersaft, der aus Rachendrüsen stammt. Die Ameisen reichen den Larven u. a. zerkaute Insekten oder füttern mit Samen (Ernteameisen) bzw. ,,Pilzen" (,,Kohlrabi"), die sie in Pilzgärten auf eingetragenen Blattstücken züchten (Blattschneider, *Atta*).

IV. Die Arten der Fortpflanzung

Die meisten Insekten sind zweigeschlechtlich und pflanzen sich durch befruchtete Eier fort. Echtes *Zwittertum*[2]) kommt bei dem Termitengast *Termitoxenia* (Dipt.) vor. Diese räuberisch lebende, nur mit Flügelstummeln ausgestattete Phoride entwickelt sich zuerst in ♂, dann in ♀ Richtung, wobei sich ihre Gestalt stark verändert. Zwittrige Schildläuse [*Icerya purchasi* (*Coccidae*)] haben die Gestalt von ♀♀. Die Gonaden sind zuerst ♂, später ♀. Es findet meist Selbstbefruchtung statt, die abermals Zwitter ergibt. Als anormale Erscheinung kann *Gynandromorphismus* auftreten, ein Gemisch von ♀ und ♂ Merkmalen in einem Individuum infolge von unregelmäßiger Verteilung der Geschlechtschromosomen im Furchungsverlauf der Eier bei sonst typisch zweigeschlechtlichen Insekten (Käfern, Schmetterlingen, Bienen). Auch *Intersexe* sind pathologisch zu bewerten. Bei ihnen erfolgt durch Störung des normalen Ablaufes der Entwicklung eine Umkehr des Geschlechtes insofern, als anfangs sich ♀ entwickelnde Tiere ♂ und umgekehrt ♂ Individuen in das ♀ Geschlecht umschlagen. *Parthenogenese* oder Jungfernzeugung, eingeschlechtliche Fortpflanzung, kommt als regelmäßige

---

[1]) *Forficula auricularia.* [2]) *Hermaphroditismus.*

Erscheinung öfter vor. Es gibt haploide und diploide Parthenogenese. Aus den unbefruchteten Eiern der Bienenkönigin entstehen Drohnen mit halbem Chromosomensatz. Die ♂♂ mancher Gespenstheuschrecken (z. B. *Bacillus*), mancher Schlupfwespen, Gewächshausschaben u. a. sind sehr selten, so daß Parthenogenese vorwiegt. Die in

Abb. 53. Entwicklungskreis der Reblaus: 1—6 oberirdisch am Weinblatt (*a* die auf der Blattunterseite auftretenden Blattgallen), 7—15 unterirdisch an Weinwurzeln (*b* Wurzelgallen). 1 befruchtetes Winterei, 2 Stammmutter, 3 deren Eier, 4—6 einige Blattlausgenerationen, 7—13 Wurzelläuse, 14—16 Entstehung des geflügelten Wanderweibchens, 17 ♂ und ♀ determinierte Eier, 18 ♂ und kleines ♀.

Europa eingeschleppte Blutlaus und Reblaus vermehren sich hier nur durch Jungfernzeugung. Die Reblaus (Abb. 53) ist ein Beispiel für einen komplizierten Entwicklungskreis, innerhalb dessen parthenogenetische und zweigeschlechtlich sich vermehrende Generationen (meist nur) in der Heimat des Insektes[1]) miteinander abwechseln.

[1]) USA.

Auch gewisse Gallwespen (Cynipiden) zeigen *Heterogonie*, indem bei ihnen Parthenogenese und zweigeschlechtliche Vermehrung abwechseln, wobei die geschlechtlich voneinander abweichenden Generationen verschieden geformte Gallen an ganz verschieden Teilen, z. B. an der Eiche, hervorrufen. Vermehrung im Jugendzustand, *Paedogenese*, kommt bei Gallmückenlarven (*Miastor*) vor. Hier erzeugen die Larven wiederum Larven. Eine pädogenetische Generation wechselt mit einer zweigeschlechtlich sich vermehrenden ab. Eine der auffallendsten Erscheinungen ist die Vermehrung durch *Polyembryonie*[1]) bei Erzwespen (Schlupfwespen). Bei ihnen zerfällt das in Furchung begriffene Ei in zahlreiche Teileier, deren jedes eine Wespe ergibt. Die aus einem Ei entstehenden Tiere sind ihrem eineiigen Ursprung entsprechend alle ♀ oder alle ♂. Dies ist das einzige bekannte Beispiel von ungeschlechtlicher Fortpflanzung bei Insekten.

c) DIE POSTEMBRYONALE ENTWICKLUNG

Das aus dem Ei schlüpfende Jungtier gleicht im wesentlichen bei den Apterygoten dem erwachsenen Zustand. Nach Zurücklegung mehrerer Wachstumshäutungen wird die Geschlechtsreife erlangt. Wenn man das Auftreten von Larven mit nur für diese charakteristischen morphologischen Merkmalen als das Bezeichnende für den Vorgang der *Metamorphose* auffaßt, so sind die Urinsekten ametabol, das heißt sie durchlaufen keine Verwandlung, alle *Pterygota* dagegen sind metabol, das heißt, sie metamorphosieren. Sie besitzen Jugendstände, die sich oft sehr erheblich in Bau und Lebensweise von den Erwachsenen unterscheiden. Während nun bei den ursprünglichen Pterygoten die Verwandlung schrittweise bis zum fertigen Tier sich vollzieht, wird bei den höheren Gruppen ein Ruhestadium, eine Puppe, eingeschaltet, so daß die Larven, wie wir in diesem Fall die Jugendstände nennen,

---

[1]) *Germinogonie.*

meist nur Wachstums-, aber keine Verwandlungshäutungen durchmachen. Die Verwandlung *ohne* Puppe bezeichnet man als *Hemimetabolie* (Abb. 54), die Metamorphose *mit* Ruhezustand als *Holometabolie* (Abb. 55). Hemimetabol sind die Ordnungen der Eintagsfliegen bis zu den Läusen und der Großteil der Schnabelkerfe (s. S. 92). Inner-

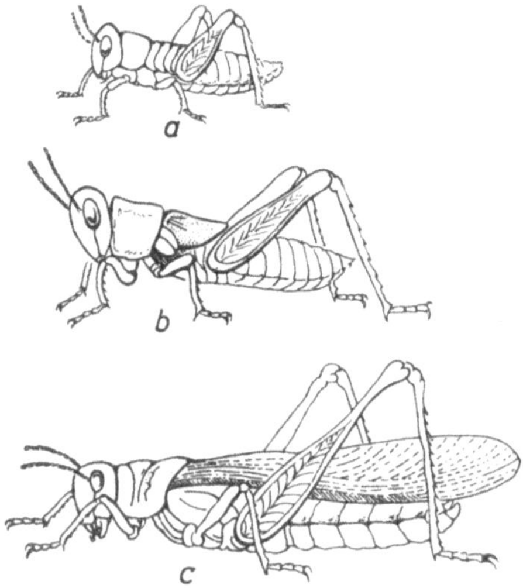

Abb. 54. Metamorphose. Hemimetabolie (Heterometabolie). Heuschrecke.— *a* Jugendstadium ohne, — *b* mit Flügelanlagen, — *c* fertiges Tier.

halb der *Rhynchota* finden sich in der Entwicklung der ♂ Schildläuse[1]) bereits unbewegliche Ruhezustände (Pronymphe sowie ein- bis zwei Nymphen), und die Franseflügler weisen eine Pronymphe sowie ein bis zwei weniger bewegliche Nymphenzustände auf. Diese Gruppen können schon als holometabol anerkannt werden, wenn man die Nymphen den Puppen gleichsetzt. Die Ordnungen von

[1]) *Diaspidinae.*

den Hautflüglern bis zu den Flöhen sind holometabol. Der Ablauf der Metamorphose ist im einzelnen sehr verschieden, so daß man eine große Reihe von Verwandlungstypen unterschieden hat. Der Gruppe der *Heterometabola* mit den *Palaeo-*, *Hetero-*[1]) und *Neometabola* hat man die *Holometabola* mit den typischen *Holometabola*, den *Hypermetabola* sowie *Crypotometabola* gegenübergestellt. Unter *Hypermetabolie* versteht man den Vorgang, daß eine Scheinpuppe (= ruhende Larve) eingeschaltet ist, auf die wieder ein bewegliches Stadium folgt (z. B. *Meloidae*, Col.). Von *Hypermetamorphose* spricht man, wenn eine Entwicklunsgfolge aus mehreren gestaltlich erheblich voneinander abweichenden, also polymorphen Larvenstadien besteht (z. B. *Drilus*, Col.). Gelegentlich treten sog. geflügelte Larven auf[2]), wobei es sich um nachhinkende Entwicklung, um eine Retardierung der Entwicklung zur Puppe handelt (*Metatelie*)[3]). Die Zahl der Häutungen kann erblich festgelegt sein oder in Abhängigkeit von der Nahrungsmenge oder Temperatur stark wechseln. Die Haut platzt in vorgebildeten Bruchstellen und wird als Exuvie abgestreift. Die Eintagsfliegen häuten sich als bereits geflügelte Insekten. Die Subimago erst wird zur Imago.

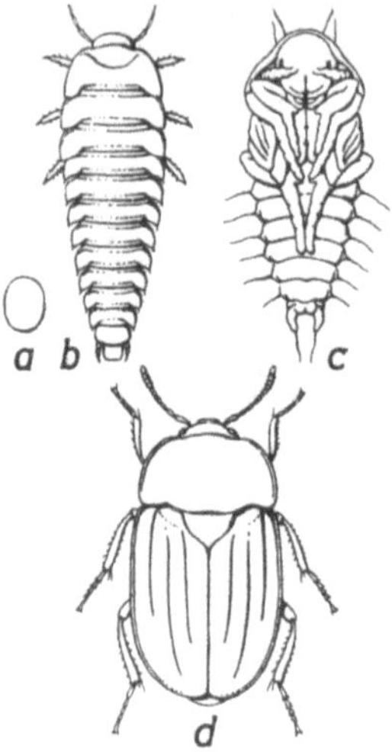

Abb. 55. Metamorphose. Holometabolie. Käfer. — *a* Ei, — *b* Larve, — *c* Puppe, — *d* Imago.

Die *Larventypen* sind verschieden. Die gestreckten Larven der Schmetterlinge und Köcherfliegen mit drei Brustbeinen und einer Anzahl von Bauchfüßen heißen Raupen.

[1]) Im engeren Sinne. [2]) Z. B. bei Mehlwurmlarven (*Tenebrio*).
[3]) Früher Prothetelie genannt.

Die meist gleichfalls mit drei Brustbeinen ausgestatteten Käferlarven können campodeid (vgl. Abb. 22a), asselförmig (Abb. 55b, *Silpha*), engerlingartig (Abb. 56c) usw. sein. Beinlose Larven (z. B. Fliegen, Biene) sind Maden. Die Larven der Blattwespen werden als Afterraupen bezeichnet.

Die imaginalen epidermalen Körperbildungen: Extremitäten, Flügel u. a., werden beim Übergang vom letzten

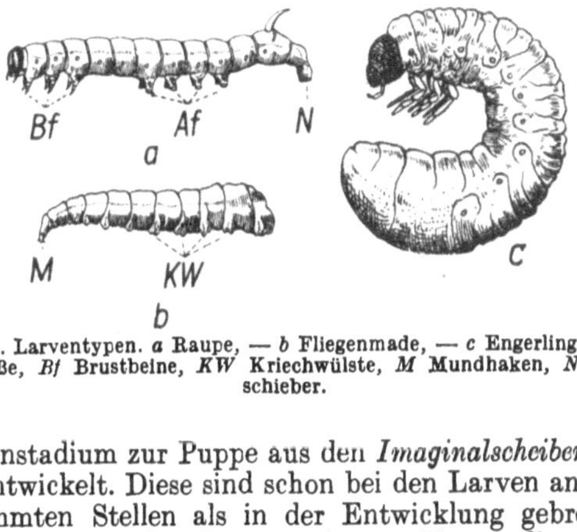

Abb. 56. Larventypen. *a* Raupe, — *b* Fliegenmade, — *c* Engerling. — *Af* Afterfüße, *Bf* Brustbeine, *KW* Kriechwülste, *M* Mundhaken, *N* Nachschieber.

Larvenstadium zur Puppe aus den *Imaginalscheiben* heraus entwickelt. Diese sind schon bei den Larven an ganz bestimmten Stellen als in der Entwicklung gebremste Zellverbände vorhanden. Die innere Umwandlung zur Imago geht erst in der Puppe vor sich. Es werden während dieses, äußerlich betrachtet, ruhenden Zustandes die Gewebe in weitem Umfang abgebaut und neu errichtet. Die Abtragungen werden z. T. von Freßzellen (Phagocytose) bewirkt. Nur die Gonaden entwickeln sich progressiv, und das Herzrohr bleibt erhalten. Als *Puppentypen* treten auf: *Gemeißelte* oder *freie Puppe* (*Pupa libera*), bei der die Körperanhänge frei vom Körper abstehen (z. B. Käfer), sowie die *Mumienpuppe* (*P. obtecta*). bei der die Extremitäten sich nur reliefartig abheben (z. B. Schmetterlinge). Die *Tönnchenpuppe* (*P. coarctata*) der Fliegen ist nur eine freie Puppe, die von der erhärteten letzten Exuvie eingeschlossen wird (Abb. 57). Die Puppe ruht in einem Gespinst, ist mit einem Gürtel befestigt (z. B. Kohlweißling), mit dem Hinterende aufgehängt oder ruht hüllenlos in einem Versteck. Ihre Beweglichkeit beschränkt sich meist auf Schlagen mit dem Hinterleib. Die Puppen der Stechmücken können dagegen in beschränktem Umfang schwimmen.

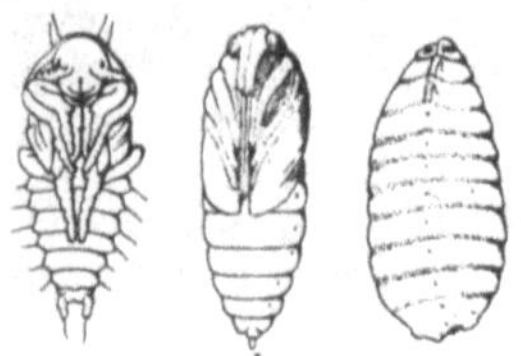

Abb. 57. Puppentypen. — *a* freie Puppe (Käfer). — *b* Mumienpuppe (Schmetterling). — *c* Tönnchenpuppe (Fliege).

d) DIE BEZIEHUNGEN ZUR UMWELT[1])

Jedes Insekt steht in Wechselbeziehung zu den Gegebenheiten seines Lebensraumes (des *Biotops*), der eine bestimmte Lebensgemeinschaft von Tieren und Pflanzen als *Biocönose* aufweist. Außer diesen biotischen Faktoren besteht die Umwelt aber sehr wesentlich aus abiotischen Elementen.

Zur *unbelebten Umwelt* gehört u. a. die Beschaffenheit des Bodens (Sand, Stein, Salzgehalt usw.) sowie das Klima: Licht, Wind und vor allem Temperatur und Feuchtigkeit. Als wechselwarme Wesen sind die Kerbtiere von der Temperatur in allen ihren Lebensäußerungen abhängig, zumal sie nur in beschränktem Umfang durch Muskeltätigkeit ihre Körpertemperatur ändern können. Bei der experimentellen Feststellung von Temperatureinflüssen auf einen biologischen Vorgang ist stets zu bedenken, daß Luftfeuchtigkeit und Temperatur als Komplexfaktor wirken. Temperaturexperimente müßten also stets bei konstanter Luftfeuchtigkeit ausgeführt werden. Diese aber ist schwer zu erzielen und zu kontrollieren. Jedenfalls gilt

[1]) Ökologie.

die R.-G.-T.-Regel, die aussagt, daß bei Erhöhung der Temperatur um 10° C die chemische Reaktion sich zwei- bis dreifach beschleunigt, bei physiologischen Abläufen im Bereich der Insekten nicht. Um die Temperaturabhängigkeit biologischer Prozesse, wie z. B. die Entwicklungsdauer eines Insektes, zu erfassen, bedient man sich der *Bluncksehen Wärmesummenregel.* Das Produkt aus Temperatur und Entwicklungsdauer ist bei jeder Art unter sonst gleichen Bedingungen konstant. Die Formel lautet: $(T - c)\,t = k$, wobei T die Durchschnittstemperatur, t die Zeit, c der Entwicklungsnullpunkt und k eine Konstante darstellen. Es dürfen nicht einfach die Temperaturen gerade über dem Nullpunkt eingesetzt werden, da der Entwicklungsnullpunkt des Insektes, das heißt der Temperaturgrad, unterhalb dessen keine Entwicklung mehr stattfindet, natürlich nicht mit dem Gefrierpunkt des Wassers übereinstimmt, sondern meist erheblich höher liegt und außerdem bei jeder Art wechselt. Stellt man die Abhängigkeit physiologischer Vorgänge graphisch dar, so erhält man kettenlinienartige Kurven.

Die Beziehungen eines Insektes zur *tierischen belebten Umwelt* bestehen im einfachsten Falle aus meist vorübergehender Fortpflanzungsgemeinschaft einzelner Individuen einer Art oder aus Fraßgesellschaften (Raupen, Blattläuse u. a.). Erheblich vielgestaltiger sind die Wechselbeziehungen der Individuen bei staatenbildenden Insekten (s. S. 90, 97). *Symbiose* zwischen Insekten ist nicht allzu häufig. Bekannt ist das Halten von Blattläusen als „Nutzvieh", z. B. durch Ameisen. *Symphilie* ist das Verhältnis zwischen Ameisen und ihren Gästen, meist Käfern, die den Wirten narkotische Drüsensekrete bieten und sich dafür räuberisch im Bau betätigen können. Häufig sind die Räuber ihren Wirten gestaltlich angeglichen. Daß manche Ameisen sich Sklaven halten, die sie als Puppen auf Raubzügen erbeuten und in ihr eigenes Nest tragen, ist allgemein bekannt. Als *Synoekie* wird das friedliche Zusammenleben verschiedener Tierarten an einem Ort (Nest, Bau) bezeichnet (z. B. Käfer in Maulwurfsnestern). Wenn sich die winzigen Larven der Ölkäfer[1]) von Bienen in deren Nester tragen lassen, indem sie sich im Haarpelz der Immen festhalten, spricht man von *Phoresie* Die *Ektoparasiten* unter den Insekten sind in ihrer Körperformung vorzüglich an die Bedingtheiten der parasitären Lebensweise angepaßt. Sie besitzen Klammerborsten und hakig gekrümmte Extremitäten mit meist kräftigen Krallen. Ihr Körper ist seitlich (Floh) oder dorsoventral abgeflacht (Läuse, Haar- und Federlinge). Die *entoparasitisch* lebenden Larven sind meist farblos und im Hinblick auf Atmungseinrichtungen an den speziellen Aufenthalt angepaßt (z. B. Magenbremse des Pferdes, Hautengerling des Rindes, Maden der Schlupfwespen und Raupenfliegen). *Brutparasitismus* kommt u. a. bei Schmarotzerbienen vor, die ihre Eier in die Zellen anderer Bienenarten legen, wo dann die auskriechende Made auf Kosten der Wirtslarve lebt oder gar das vorgefundene Ei auffrißt.

Die Beziehungen der Kerbtiere zur *pflanzlichen belebten Umwelt* sind mannigfach. Die Bedeutung der Insekten als Blütenbestäuber der Pflanzen beruhen auf wechselseitigem Vorteil. *Ektosymbiose* besteht bei pilzzüchtenden Termiten, Ameisen und Borkenkäfern, die auf vorbereiteten Substraten Pilze kultivieren, um die aus den Myzelien hervorsprossenden „Kohlrabi“ für sich und ihre Brut als Futter zu verwenden. *Entosymbiose* liegt vor, wenn z. B. Bakterien im Darm von Insekten oder in den Zellen von Geweben (intrazelluläre Symbiose) leben. Welchen Nutzen die Wirte von ihren, oft in besonderen *Myzetomen* untergebrachten Symbionten haben, ist noch nicht geklärt. Ein großer Teil der Insekten ist von Pflanzen völlig abhängig, da diese als Nahrung dienen. Es gibt Nahrungsspezialisten unter den Kerbtieren, die auf eine Pflanzenspezies oder doch eine Gattung angewiesen sind. Man nennt sie monophag. Oligophagie besteht in der Annahme einer beschränkten Anzahl von Gattungsvertretern als Nährpflanzen, und polyphage Insekten fressen an sehr vie-

---

[1]) *Meloë* (*Meloidae*).

len Pflanzen. Die Larven der entoparasitisch im Inneren von Blättern lebenden Insekten (z. B. von Mücken, Käfern, Schmetterlingen) sind oft abgeflacht und fertigen meist artspezifische Minen (*Blattminierer*). Auch die Gallinsekten rufen artlich festgelegte Hypertrophieen (*Gallen*) an verschiedenen Pflanzenteilen hervor. Der Anreiz zur Wucherung wird offenbar durch die Stoffwechselprodukte des Eies und des aus ihm hervorgehenden Parasiten bewirkt. Stirbt der Insasse, so kümmert die Galle (Cecidium). Es gibt Gallentiere z. B. unter den Schmetterlingen, Käfern, Hautflüglern, Zweiflüglern u. a.

Schutztrachten. Die Insekten sind wie alle Organismen an ihre Umgebung angepaßt. Ihre Gestalt und Färbung sowie die gesamte Organisation sind „zweckmäßig", so daß sie im Daseinskampf bestehen können. Dieser wird unterstützt durch oft sehr ins Auge fallende Farben und Körperformen, die man unter dem Begriff der Schutztrachten zusammenfaßt[1]).

Verbergetracht macht das Insekt in seiner Umgebung schwer sichtbar, zumal wenn es sich nicht bewegt. Hierher gehört die Einfärbung in den allgemeinen Farbton des Milieus, nämlich die *Umgebungstracht* (Lokalkolorit), wie man eine solche z. B. bei den grünen Kerbtieren einer Wiese oder den gelblichen Bewohnern der Wüste feststellen kann. Manche Heuschreckenarten passen sich erstaunlich genau und ganz individuell der Farbe des Untergrundes an, auf dem sie sich entwickeln. Die Verbergungstracht kann einen aggressiven Sinn erhalten und als *Dekkungs-* oder *Tarntracht* beim Beuteerwerb dienen. Unter *Mimese* versteht man die Ähnlichkeit (sog. Nachahmung) von Tieren (Zoomimese), von Pflanzen (Phytomimese) und von toten Gegenständen (Allomimese). So ist z. B. die Ameisenmimese, die Ameisenähnlichkeit von Ameisengästen, bekannt. Die Übereinstimmung in der Färbung und Zeichnung der Unterseite sowie im Flügelschnitt mancher Tagesschmetterlinge in Ruhestellung mit ver-

[1]) Heikertinger, F., Biol. Zentralbl., 47, 1927 u. a. Schriften dieses Forschers.

trockneten, verpilzten bzw. angefressenen Blättern (z. B. *Kallima*-Arten) erregt immer wieder das Staunen nachdenklicher Beobachter.

„Wandelnde Blätter" ahmen farbige Blätter nicht nur im Körperumriß und in der Farbe, sondern auch in der Bewegung im Luftzug nach. Stabheuschrecken sind in Gestalt, Farbe und Haltung täuschend astartig. Spannerraupen[1]) gleichen im Thanatosezustand (s. S. 25) völlig grünen oder braunen Ästchen. Andere Kerbtiere ähneln Flechten oder Rindenstücken. Das Spatzendreckchen[2]), ein Wickler, sieht in Ruhestellung genau wie ein Stückchen Vogelkot aus.

Der Verbergetracht, die das „Ziel" der Unauffälligkeit verfolgt, steht die Auffälligkeitstracht gegenüber, die ihren Besitzer in verschiedenem Sinn der Beachtung aufdrängt. Die *Locktracht* der „Teufelsblume", einer Fangschrecke[3]), besteht in einem blütenfarbenen Fangapparat, mit dem blütenbesuchende Kerbtiere angelockt und dann verzehrt werden. *Protektive Trachten* im engeren Sinn sollen als etwas Befremdendes und Schreckendes, als Ungewohnt- oder Schrecktracht auf einen Feind wirken. Mit Warntracht kann Ungenießbarkeit und Wehrhaftigkeit verbunden sein. In manchen Fällen zeigen mehrere Insekten verschiedener systematischer Zugehörigkeit ähnliche Warntracht. Unter den Begriff der *Mimikry* fallen nur solche Fälle, in denen ein ungiftiges und waffenloses Insekt ein wehrhaftes oder giftiges, warnfarbiges Vorbild nachahmt, um einem Feind als gefährlich zu erscheinen (z. B. Hornissenschwärmer und Papierwespe).

Daß jeder Schutz, der von Giftwaffen, Ekelgeschmack, Übelgeruch, Totstellreflexen und Trachten gewährt wird, nur relativen Wert hat, erkennt jeder Beobachter der Natur. Nahrungsspezialisten lassen sich beim Beuteerwerb durch keine Schutzeinrichtung oder Abwehrmaßnahme ihrer Opfer täuschen.

---

[1]) *Geometridae* (Lep.).

[2]) *Argyroploce* (*Tortricidae*, Lep.).

[3]) *Idolum diabolicum* (*Mantidae*, Orth.).

B. SYSTEMATISCHER TEIL

1. Das natürliche System der Insekten

Klasse: **Insecta** (*Hexapoda*), **Insekten, Kerbtiere. Sechsfüßler**

I. Unterklasse: **Apterygota, Urinsekten**

1. Ordnung: *Protura*, Halbinsekten,
2. Ordnung: *Collembola*, Springschwänze,
3. Ordnung: *Diplura*, Doppelschwänze,
4. Ordnung: *Thysanura*, Zottenschwänze.

II. Unterklasse: **Pterygota. Geflügelte** oder **Höhere Insekten**

1. Ordnung: *Ephemerida*, Eintagsfliegen,
2. Ordnung: *Plecoptera*, Steinfliegen,
3. Ordnung: *Odonata*, Libellen,
4. Ordnung: *Embiodea*, Embien,
5. Ordnung: *Orthoptera*, Geradflügler,
6. Ordnung: *Dermaptera*, Ohrwürmer,
   Anhang: *Hemimeroidea*,
7. Ordnung: *Isoptera*, Termiten,
8. Ordnung: *Copeognatha*, Rinden-, Staub- und Bücherläuse,
9. Ordnung: *Mallophaga*, Haarlinge, Federlinge,
10. Ordnung: *Anoplura*, Läuse,
11. Ordnung: *Thysanoptera*, Fransenflügler, Blasenfüßler[1]), Thripse,
12. Ordnung: *Rhynchota*[2]), Schnabelkerfe,
13. Ordnung: *Hymenoptera*, Hautflügler,
14. Ordnung: *Coleoptera*, Käfer,
15. Ordnung: *Strepsiptera*, Fächerflügler,
16. Ordnung: *Neuroptera*, Netzflügler,
17. Ordnung: *Mecoptera*[3]), Schnabelhafte, Schnabelfliegen,
18. Ordnung: *Trichoptera*, Köcherfliegen,
19. Ordnung: *Lepidoptera*, Schmetterlinge,
20. Ordnung: *Diptera*, Zweiflügler,
21. Ordnung: *Aphaniptera*[4]), Flöhe.

---

[1]) *Physopoda*. [2]) *Hemiptera*, Halbflügler. [3]) *Panorpatae*.
[4]) *Siphonaptera*.

2. Überblick über das System

Klasse: **Insecta** (*Hexapoda*), **Insekten, Kerbtiere**

I. Unterklasse: **Apterygota, Urinsekten**

Niederste Insekten, gestaltlich in einer Reihe von Merkmalen zwischen Tausendfüßlern und Höheren Insekten vermittelnd, treten als älteste Insekten bereits im Devon auf. — Klein, zarthäutig, *stets* (primär) *flügellos*. Jugendformen den Erwachsenen sehr ähnlich, durchlaufen wenige Häutungen ohne eigentliche Verwandlung (ametabol). Mundgliedmaßen kauend (selten stechend). Körper oft deutlich homonom gegliedert. *Hinterleib* mit 6 bis 11 Segmenten, die *paarige Beinreste* in Gestalt von Griffeln (Styli) aufweisen können, z. T. Raife (Cerci) am Hinterende, die ebenfalls umgewandelte Extremitäten sind. — Leben meist an dunklen, feuchten Orten; nähren sich von organischen Abfällen, selten räuberisch.

1. Ordnung: *Protura*, Halbinsekten, Beintastler[1])

Bis 2 mm lang, augenlos, Mundwerkzeuge stechend, Antennen fehlen, Körper ziemlich gleichmäßig gegliedert. Erstes Beinpaar länger als die anderen, zum Tasten verlängert (Abb. 1). Die Zahl der Hinterleibssegmente wird erst im Verlauf von Häutungen vollzählig. Tracheen einfach (*Eosentomidae*) oder fehlend (*Acerentomidae*). Malpighische Gefäße rückgebildet. Bodentiere. Räuber.

Eosentomon (Abb. 1).

2. Ordnung: *Collembola*, Springschwänze

Klein, Augen meist vorhanden, Mundwerkzeuge stechend, kurze Antennen, Körper meist gedrungen, nur aus 6 oft verschmolzenen Segmenten bestehend. Beine mit Tibiotarsus[2]). Zwischen den Hüften des 3. Beinpaares der Ventraltubus, aus dem Bläschen bzw. zarte Schläuche hervorgestülpt werden können, Hilfsorgan für die Atmung in feuchter Umgebung. Griffel des letzten Ringes zur Sprunggabel (Furca) umgebildet, Cerci fehlen. Tracheen manchmal fehlend. Ohne Malpighische Gefäße.

Podura aquatica, Wasserspringschwanz. Schwarz. Auf Oberfläche stehender Gewässer hüpfend. — *Isotoma saltans*, Gletscherfloh. Auf Schnee und Eis im Hochgebirge. — *Sminthurus*, Kugelspringschwanz.

---

[1]) Sedlag, U., Ur-Insekten, Neue Brehm-Bücherei 2. Aufl. 1953.
[2]) Unterschenkel und Fuß verschmolzen.

3. Ordnung: *Diplura*, Doppelschwänze

2—5 cm lang. Antennen fadenförmig. Körper fast gleichmäßig (homonom) gegliedert. Mit Tracheensystem. Zusätzlicher Gasaustausch durch Bläschen, die zwischen den Griffeln (Styli) als Koxalbläschen sitzen, durch Blutdruck vorstülpbar und mittels Muskelwirkung wieder zurückziehbar sind. Sie entsprechen den Bläschen des Ventraltubus der Collembolen. Malpighische Gefäße fehlen oder sind stark rückgebildet. Raife (Cerci) lang-fadenförmig oder zangenartig. Mittlerer Schwanzanhang (Terminalfilament) fehlt. Dunkelheit liebend.

Campodea, Doppelschwanz. Weitverbreitet. In Moos oder unter Rinde. Nähren sich von Detritus, Algen, Pilzsporen, zarten Insekten. — Japyx. Räuber. Raife ungegliederte Zangen, der Erfassung der Beute dienend. Weibchen treibt Brutpflege, behütet die Eier in einer Höhle. Wärme liebend. Besonders in den Tropen und Subtropen.

4. Ordnung: *Thysanura*, Zottenschwänze

Bis 2 cm lang. Z. T. mit großen Augen. Mundwerkzeuge kauend, nicht in die Kopfkapsel eingesenkt. Kiefertaster groß. Antennen lang und vielgliederig. Körper lang gestreckt, mit Schuppen bedeckt, die denen der Schmetterlinge ähnlich sind. Abdomen mit drei langen Anhängen, deren beide äußeren

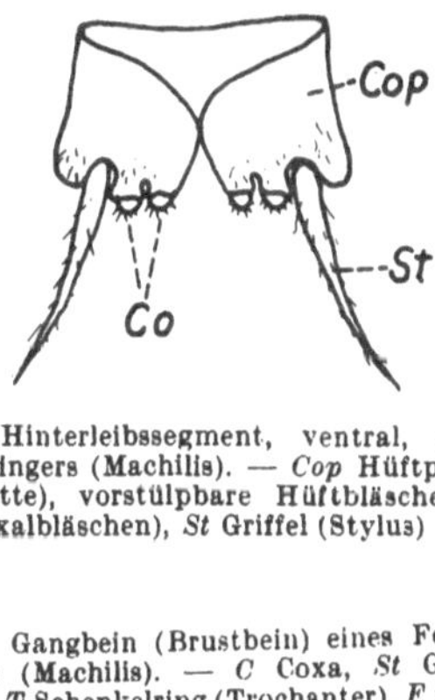

Abb. 59. Hinterleibssegment, ventral, eines Felsenspringers (Machilis). — *Cop* Hüftplatte (Coxalplatte), vorstülpbare Hüftbläschen (Coxalbläschen), *St* Griffel (Stylus)

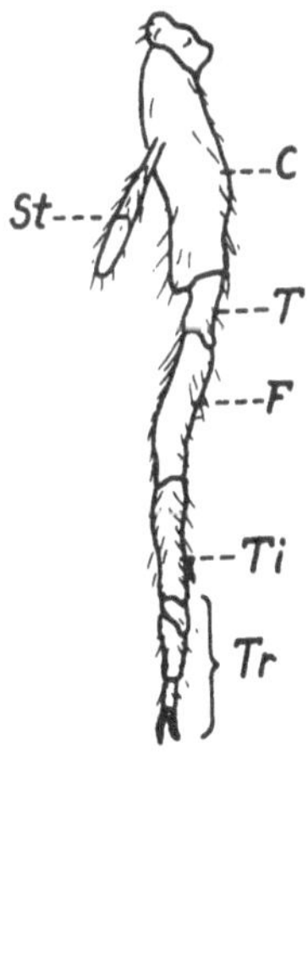

←

Abb. 58. Gangbein (Brustbein) eines Felsenspringers (Machilis). — *C* Coxa, *St* Griffel (Stylus), *T* Schenkelring (Trochanter), *F* Oberschenkel (Femur), *Ti* Unterschenkel (Tibia), *Tr* Fuß (Tarsus).

den Raifen der Dipluren homolog sind, also ungewandelte Beine darstellen, während das mittlere Gebilde (Terminalfilament) eine fädige Verlängerung des Rückenschildes (Tergites) des letzten Hinterleibssegmentes ist. Häuten sich wahrscheinlich auch noch als Erwachsene. Echte Malpighische Gefäße. Tracheensystem verhältnismäßig einfach.

Machilis maritima, Felsenspringer. Meeresküste. Mit bunter Zeichnung. Körperquerschnitt rundlich. Springen mit Hilfe des letzten Paares der Styli. Kiefertaster groß. Pflanzenfresser. Große Fazettenaugen, 3 Nebenaugen. Jedes Brustbein mit anhängendem Stylus (Abb. 58). Zwischen den Styli des Hinterleibes z. T. 2 Paar vorstülpbare Bläschen (Abb. 59). — *Lepisma saccharina*, Zuckergast, Silberfischchen, 1 cm lang, silbrig glänzend beschuppt. Körperquerschnitt flach oval. Ohne Sprungvermögen. Augen klein. Keine Nebenaugen. Brustbeine ohne Styli. Koxalbläschen fehlen. Nur die beiden letzten Hinterleibssygmente mit Styli. Raife und mittlerer Schwanzanhang ziemlich gleich lang. Lieben Dunkelheit. In Vorratsräumen, wo sie Zucker, Mehl u. a. fressen oder hinter geleimter Tapete und in Büchern, die sie durch Schabfraß schädigen.

II. Unterklasse: **Pterygota, Höhere Insekten**

Vielleicht von thysanurenähnlichen Urinsekten abzuleiten, ohne daß diese als direkte Vorfahren zu gelten haben. Treten zuerst in der Steinkohlenzeit (Karbon) auf. *Geflügelt* oder *sekundär flügellos* geworden. Jugendformen, den Erwachsenen sehr unähnlich, durchlaufen eine Verwandlung (Metamorphose), sind also metabol. Mundgliedmaßen: Kauend, leckend, stechend oder saugend (Abb. 7). Körperregionen: Kopf, Brust, Hinterleib stets ausgeprägt. Meist drei Brustbeinpaare. Raife (Cerci) am Hinterende bei niederen Gruppen vorhanden. Leben an allen geeigneten Standorten auf und in der Erde, im Wasser sowie als Parasiten von Pflanzen und Tieren. Nähren sich von pflanzlichen und tierischen Stoffen sowie von lebenden Pflanzen und Tieren.

1. Ordnung: *Ephemerida*, Eintagsfliegen

Kurzlebige, keine Nahrung aufnehmende Erwachsene, weichhäutig, mit Komplexaugen und Ocellen, Mundwerkzeuge rückgebildet, Antennen kurz, Körper gestreckt, Flügel netzartig geadert. Raife (Cerci) und unpaarer Schwanzanhang lang, vielgliedrig (ähnlich *Lepisma*). Im Wasser lebende campodeide, räuberische Larven mit kauenden Mundwerkzeugen, mit paarigen blattförmigen Tracheenkiemen an sieben Hinterleibssegmenten und drei Hinterleibsanhängen. Verwandlung unvollständig. *Geflügelte Subimago* häutet sich zum Vollinsekt (Prometabolie). Eiablage ins Wasser.

Ephemera vulgata, Gemeine Eintagsfliege. – *Polymitarcis virgo*, Weißwurm. Flügel weiß; oft in riesigen Massen als „Uferaas"; Fischnahrung.

2. Ordnung: *Plecoptera*, Steinfliegen

Komplexaugen und Ocellen, Mundwerkzeuge kauend, Antennen fadenförmig, vielgliederig, Körper homonom segmentiert, vier Flügel mit zahlreichen Längsadern, in Ruhe flach über dem Körper liegend, Endkrallen der Füße mit Haftlappen. Raife fädig, lang. Larven imagoähnlich, räuberisch in fließendem Wasser, mit büscheligen Kiemen (meist) auf der Unterseite der Brust. Verwandlung unvollständig (Hemimetabolie). Eiablage ins Wasser.

Perla maxima, Größte Afterfrühlingsfliege.

3. Ordnung: *Odonata*, Libellen

Große, oft farbenprächtige Insekten. Räuber. Große kugelige Komplexaugen und Ocellen. Mundwerkzeuge kauend, Antennen kurz, Körper schlank, vier schmale Flügel, netzartig geadert, in Ruhe seitlich ausgebreitet oder senkrecht nach oben zusammengeklappt. Beine klein. Raife kurz, ungegliedert, beim ♂ als Klammervorrichtung gestaltet. ♂ mit Kopulationsapparat am Grunde des Hinterleibes. Gewandte Flieger, manchmal in riesigen Massen wandernd. Larven räuberisch im Wasser, mit drei blattförmigen Tracheenkiemen an Spitze des Hinterleibs oder mit Kiemen im Enddarm; Unterlippe zur vorschnellbaren Fangmaske (Abb. 9) umgestaltet. Verwandlung unvollkommen (Hemimetabolie). Eiablage ins Wasser oder in Pflanzengewebe.

Calopteryx virgo, Gemeine Seejungfer. ♂ stahlblau. – *Aeschna grandis*, Große Teufelsnadel. – *Libellula depressa*, Plattbauch.

4. Ordnung: *Embiodea*, Embien

Klein, gewölbte Komplexaugen, Mundwerkzeuge kauend, mittellange, fädige Antennen, Körper gestreckt, gleichmäßig segmentiert; erstes Fußglied der Vorderbeine mit Spinndrüsen; ♂ mit vier gleichartigen Flügeln, ♀ ungeflügelt. Raife kurz. Tropisch. Lichtscheu, leben in Gespinströhren, in die Eier abgelegt werden. Verwandlung unvollkommen (Paurometabolie).

Embia.

5. Ordnung: *Orthoptera*, Geradflügler

Mittelgroß bis groß, Komplexaugen und Ocellen, Mundwerkzeuge kauend, Antennen meist lang, Körper plump, flach oder gestreckt, vier Flügel, netzartig geadert, Vorderflügel oft lederartig, vielfach beide Flügelpaare zurückgebildet, Raife meist ungegliedert. Griffel fast stets vorhanden. Verwandlung unvollkommen (Paurometabolie). Landtiere.

1. Unterordnung: *Blattodea*[1])

1. Familie: *Blattideae*, Schaben. Antennen dünn, lang, Flügel flach über den abgeplatteten Hinterleib gebreitet, oft verkürzt, Raife gegliedert, ♂ mit Griffeln, Laufbeine. Eier in Paketen (Kokons). Nahrung: Pflanzliche und tierische Stoffe.

Phyllodromia germanica, Deutsche Schabe. 1 cm lang, beide Geschlechter geflügelt, gelblich, Eikokon gelb. – *Blatta orientalis*, Orientalische Schabe. ♂ etwa 2 cm, geflügelt; ♀ breit, Flügel verkürzt, schwarzbraun. Eikokon braun. Beide Arten nächtlich, kosmopolitische Vorratsschädlinge.

2. Unterordnung: *Mantodea*

2. Familie: *Mantidae*, Fangschrecken. Antennen lang, Vorderextremitäten: Raubbeine (Abb. 12f.). ♂ mit Griffeln. Kokons aus erstarrtem Schaum. Meist tropisch. Räuber.

3. Unterordnung: *Phasmidea*

3. Familie: *Phasmidae*, Gespensterschrecken. Antennen lang, Körper blatt- oder astähnlich, Flügel oft fehlend, Raife klein, Griffel fehlen. Meist tropische Pflanzenfresser.

Bacillus rossii, Stabheuschrecke. Astähnlich, grünlich, flügellos, Südeuropa. Parthenogenetische Vermehrung. – *Phyllium siccifolium*, Wandelndes Blatt, grün, blattähnlich, ostindisch.

---

[1]) Princis, K.: *Blattariae* (Schaben), Akademie-Verlag, Berlin 1965.

4. Unterordnung: *Saltatoria*

4. Familie: *Tettigoniidae* (*Locustidae*), Laubheuschrekken. Antennen lang, Füße viergliedrig. Hinterextremitäten: Sprungbeine; ♂ mit Legesäbel. Zirpvorrichtung am Grunde der Vorderflügel. Hörorgan (Tympanalorgan) an Schienen der Vorderbeine (Abb. 33, 34a). Flügel dachartig über Körper gelegt, manchmal fehlend. Eiablage meist in Erde. Räuber.

Locusta viridissima, Grüne Laubheuschrecke. Frißt Insekten. – *Decticus verrucivorus*, Warzenbeißer. Grau oder grün, auf Wiesen.

5. Familie: *Acrididae*, Feldheuschrecken. Antennen kurz, Füße dreigliedrig, Raife kurz, Griffel fehlen, Legeapparat kurz. Zirpvorrichtung: Hinterschenkel reibt auf einer Ader des Vorderflügels. Hörorgan seitlich jederseits am ersten Hinterleibssegment (Abb. 34b). Flügel dachartig über Körper gelegt, öfter fehlend. Eiablage als flaschenförmige Pakete in Erde. Wandertrieb.

Dociostaurus (= *Stauronotus*) *maroccanus*, Marokkanische Wanderheuschrecke. Wandern als „Hüpfer" und „Geflügelte" in riesigen Scharen. – *Pachytilus migratorius*, Europäische Wanderheuschrecke. – In allen Weltteilen verschiedene Arten von Wanderheuschrecken, große Schädlinge der Kulturpflanzen.

6. Familie: *Gryllidae*, Grillen. Antennen lang, borstenartig, Raife lang, gegliedert. Legeröhre grätenartig. Zirpvorrichtung: Schrillader und Schrillkante an jedem Vorderflügel. Hörorgan an Vorderschienen (Abb. 34c). Hinterflügel eingefaltet. Dunkeltiere, meist in selbstgegrabenen Gängen. Räuber und Pflanzenfresser.

Liogryllus campestris, Feldgrille. Schwarz, Sprungbeine. In Erdröhren. Frißt Pflanzenteile und Insekten. – *L. domesticus*, Heimchen. Gelb. In warmen Verstecken von Wohnungen.

Gryllotalpa vulgaris, Maulwurfsgrille. Braun, bis 5 cm lang, Vorderfüße Grabschaufeln. Gräbt Gänge in Erde. Eiablage in Erdnest, dessen Wände durch Speichel erhärtet. Jung gelblich, spinnenähnlich. Vorwiegend Pflanzenfresser. Schädling.

6. Ordnung: *Dermaptera*, Ohrwürmer

Mittelgroß, Komplexaugen, Mundwerkzeuge kauend, Antennen fadenförmig, Körper schlank, Vorderflügel verkürzt, lederartig; Hinterflügel gefaltet, unter Vorderflügel verborgen; Hinterleibsrücken unbedekt, Raife: Zangen. Verwandlung unvollkommen (Heterometabolie).

Forficula auricularia, Gemeiner Ohrwurm. Gelbbraun. ♂ mit kräftigen, ♀ mit schwächeren Zangen. Pflanzliche und tierische Kost. Brutpflege. Schädling an Dahlien u. a. – *Arixenia esau*. Auf Fledermäusen. Malaischer Archipel.

Anhang: Ordnung: *Hemimeroidea*

Hemimerus talpoides. Im Fell einer afrikanischen Hamsterratte. Flügellos, Raife borstenartig, augenlos, vivipar.

7. Ordnung: *Isoptera*, Termiten

Mittelgroß, Komplexaugen und (meist) Ocellen oder blind, Mundwerkzeuge kauend, Antennen fadenförmig, Körper abgeflacht, vier schmale, lange Flügel, nach Hochzeitsflug abgeworfen, oder flügellos. Raife kurz. Staaten bildend. Polymorphismus: ♂, ♀, Arbeiter und Soldaten. Verwandlung unvollkommen (Heterometabolie). Nahrung: Tierische und pflanzliche Stoffe.

Termes und andere „Weiße Ameisen“. Weißlich. Fertigen oft sehr große, feste, oberirdische Bauten aus Sand, Ton oder legen gekammerte Nester in Holz an. Staat besteht aus: Königin (wurstartig prall mit Eiern gefüllt), König, zahlreichen ♂ und ♀ Arbeitern und Soldaten. Meist tropisch. Nahrung: Tierische und pflanzliche Stoffe. Oft sehr schädlich.

8. Ordnung: *Copeognatha*, Rinden-, Staub- und Bücherläuse

Winzig, Komplexaugen und Ocellen, Mundwerkzeuge kauend, Antennen lang, fadenförmig, Laufbeine, vier zarte Flügel, dachartig über Hinterleib, oft rückgebildet, Raife verkümmert. Spinnvermögen (Labialdrüsen). Verwandlung unvollkommen (Heterometabolie). Landtiere. Nahrung: Pilzsporen, Staub u. a.

Amphigerontia bifasciata, Zweibindige Rindenlaus, vier große Flügel. An Rinde. Eier von Gespinst bedeckt. – *Atropus pulsatoria*, Bücherlaus. 2 mm lang, weißlich, Flügelstummel. Erzeugt Klopftöne. An staubigen Orten. – *Troctes divinatorius*, Staublaus. 1 mm lang, weiß, ungeflügelt. Oft massenhaft in Polstermöbeln.

9. Ordnung: *Mallophaga*, Haarlinge, Federlinge[1])

Winzig, läuseähnlich, Komplexaugen rückgebildet, Mundwerkzeuge kauend (schabend), Antennen kurz, anlegbar, Körper flach eiförmig oder stabartig, behaart, flügellos, Klammerbeine, Raife fehlen. Verwandlung unvollkommen (Heterometabolie). Ektoparasiten im Haar- und Federkleid von Säugern und Vögeln.

Eichlerella vulpis = *Sericatoecus canis*[2]), Hundehaarling. — *Menopon gallinae*, Haushuhnfederling („Hühnerlaus"). — *Columbicola columba* (= *Lipeurus baculus*), Taubenfederling.

10. Ordnung: *Anoplura*, Läuse

Klein, seitliche atypische Einzelaugen oder blind, Mundwerkzeuge stechend-saugend, Antennen kurz, Körper flach, behaart, flügellos, gekrümmte Klammerbeine, je mit einer kräftigen Klaue. Raife fehlen. Verwandlung unvollkommen (Heterometabolie). Blutsaugende („echte" Läuse) Ektoparasiten auf Säugetieren. Eier („Nisse") einzeln an Haaren befestigt.

Pediculus capitis, Kopflaus. 1—2 mm, grau. Im Kopfhaar des Menschen. — *P. corporis* (= *vestimenti*), Kleiderlaus. 3,5 mm, weißgrau in Kleidern. Eiablage in Falten u. a. Überträgt Rickettsien (Bakterien), die Fleckfieber verursachen. — *Phthirus pubis*, Filzlaus. 1,5 mm, weißlich, fast quadratisch, an Körperhaaren des Menschen (nicht im Kopfhaar). — *Haematopinus suis*, Schweinelaus, 4 mm.

11. Ordnung: *Thysanoptera*, Fransenflügler, Blasenfüßler, Thripse

Klein, Komplexaugen und Ocellen, Mundwerkzeuge stechend-saugend, Antennen kurz, Körper schlank, Füße mit Haftbläschen zwischen verkümmerten Klauen, vier schmale, ringsum behaarte (gefranste) Flügel, über den Körper gelegt, oder flügellos, ohne Raife, oft mit Legebohrer, Verwandlung unvollkommen (Heterometabolie) mit mehreren beweglichen Nymphenstadien, die Flügelscheiden tragen. Saugen meist Pflanzensäfte. Landtiere.

Limothrips cerealium, Getreideblasenfuß. 1,5 mm, schwarz, ♂ ungeflügelt, saugt in Ähren von Getreide.

---

[1]) Werden als „*unechte Tierläuse*" bezeichnet.
[2]) Früher *Trichodectes vulpis*.

12. Ordnung: *Rhynchota*, Schnabelkerfe[1])

Klein bis sehr groß, Komplexaugen, oft Ocellen, Mundwerkzeuge stechend-saugend, schnabelartig, Antennen borstenförmig oder sehr kurz, Körper abgeflacht oder keilförmig, vier Flügel: Vorderflügel Halbdecken (Halbdeckflügler) oder alle Flügel gleichartig häutig (Gleichflügler), oft sämtlich zurückgebildet, Schreit-, Raub-, Sprung- oder Ruderbeine. Verwandlung unvollkommen (Heterometabolie). Nahrung: Pflanzliche und tierische Stoffe; pflanzliche und tierische Parasiten, manche räuberisch. Land- und Wassertiere.

1. Unterordnung: *Heteroptera*, Wanzen[2])

Vorderflügel: Halbdecken (Hemielytren), teils lederig, teils häutig, Körper meist flach, Stinkdrüsen (Wanzengeruch). Pflanzensauger, Räuber, einige Ektoparasiten.

a) *Landwanzen*

Cimex lectularius, Bettwanze. Etwa 6 mm, gelbbraun, flügellos, Stechapparat, in Ruhe unter den Kopf geklappt. Nachttier. Blutsauger. – ***Pyrrhocoris apterus***, **Feuerwanze**, blutrot. – ***Piesma quadrata***, Rübenwanze. Zuckerrübenschädling. – ***Dolycoris baccarum***, Beerenwanze.

b) Wasserwanzen

Nepa cinerea, Wasserskorpion. Mit Raubbeinen. – *Ranatra linearis*, Stabwanze. – *Notonecta glauca*, Rückenschwimmer.

2. Unterordnung: *Homoptera*, Pflanzensauger[3])

Alle Flügel häutig, oft fehlend, Körper seitlich zusammengedrückt, Pflanzensauger, viele Gallenerzeuger.

a) *Cicadina*, Zirpen, Zikaden

Flügel dachartig über den keilförmigen Körper gelegt, meist Sprungvermögen, Lautapparate bei Singzikaden: Trommelorgane (s. S. 44).

Cicada plebeia, Gewöhnliche Zikade. Südeuropa. – *Tibicen septemdecim*, Siebenzehnjährige Zikade. Nordamerika. Entwicklung 17 Jahre. ♂ bei beiden Arten mit paari-

[1]) Weber, H.: Biologie der Hemipteren, Springer-Verlag, Berlin 1930.
[2]) Ungleichflügler.
[3]) Gleichflügler.

gem Singapparat am 1. Hinterleibsring. – *Fulgora laternaria*, Surinamensischer Laternenträger mit blasig aufgetriebener Stirn (Laterne). *Ohne* Leuchtvermögen. – *Philaenus spumarius*, Wiesenschaumzikade. Jugendstände inmitten eines Schaumklümpchens (Kuckucksspeichel).

β) *Psyllina*, Blattflöhe

Zikadenähnlich, 2–4 mm, stets geflügelt, Hinterbeine: Sprungbeine, grünlich, im Lauf des Sommers sich verfärbend. *Psylla mali*, Apfelsauger. Orangerote Eier überwintern in Rindenritzen. Besaugt alle grünen Teile des Apfelbaumes. Schädling.

γ) *Aleurodina*, Mottenläuse, Weiße Fliegen

Zart, etwa 1,5 mm, meist mit weißem Wachs bepudert, schneeweiße Flügel infolge von schmetterlingsähnlicher Beschuppung. *Trialeurodes vaporiarum*, Weiße Gewächshausfliege. Saugt an Unterseite von Blättern. Schädling.

δ) *Aphidina*, Blattläuse[1])

1–3 mm, grün, gelb, schwarz oder gezeichnet, nicht springend, Antennen oft lang, Körper länglich oder breitoval, oft von Wachsausscheidungen bedeckt. In Nähe des Hinterleibsendes der Echten Blattläuse zwei bewegliche, Honigtau absondernde Röhren (Siphonen), den Afterblattläusen (Reblaus) fehlend. Füße (Tarsen) stets zweigliedrig und zweikrallig, meist vier glasige Flügel, oft flügellos. Generationswechsel: Ungeflügelte oder geflügelte durch Jungfernzeugung sich vermehrende lebende Junge (Echte Blattläuse, Blutlaus) oder Eier (Afterblattläuse, Reblaus, Abb. 53) zur Welt bringende ♀♀ und zweigeschlechtlich sich fortpflanzende ♀♀ nebst geflügelten oder ungeflügelten ♂♂ folgen aufeinander (Heterogonie). Entwicklungskreislauf der Echten Blattläuse (typisch) wie folgt: Meist überwintert das befruchtete Ei (Winterei), aus dem im Frühjahr die ungeflügelte Stammutter (Fundatrix) hervorgeht. Diese bringt parthenogenetisch lebende Junge zur Welt, die ihrerseits mehrere Generationen von ungeflügelten ♀♀ auf gleiche Weise entstehen lassen. Im Hochsommer treten geflügelte Wanderweibchen auf (Migratores), die wiederum parthenogenetisch lebende Junge zur

[1]) Börner, C.: *Europae centralis Aphides*, Die Blattläuse Mitteleuropas, Schriften der Thüringischen Landesarbeitsgemeinschaft, Beiheft 3, Weimar 1952.

Welt bringen. Die letzte ♀ Generation (Gattenmütter, Sexupares) gebiert parthenogenetisch Junge, die sich teils zu ungeflügelten ♀♀, teils zu geflügelten ♂♂ umwandeln. Diese Herbst-♀♀ legen befruchtete Wintereier ab. Bei den Echten Blattläusen legen nur die befruchteten Herbst-♀♀ Eier ab, bei den Afterblattläusen erzeugen alle ♀♀ teils parthenogenetisch, teils zweigeschlechtlich Eier (Abb. 53). – In Kolonien an Pflanzen saugend. Wirtswechsel häufig. Schädlinge.

1. **Echte Blattläuse:** *Doralis fabae*, Schwarze Rübenlaus. Auf Rübenpflanzen schädlich. Überträgt Mosaikkrankheit (Virus). – *Eriosoma lanigerum*, Blutlaus. 0,8–2,3 mm, Kolonien völlig in weißes Wachs eingehüllt, Körperflüssigkeit rot. Aus USA eingeschleppt. In Europa Vermehrung nur parthenogenetisch, etwa 10 Generationen ungeflügelter ♀♀ folgen aufeinander. Jungtiere überwintern. Erzeugt Rindenkrebs, bis faustgroße Wucherungen. Gefährlicher Schädling an Apfelbäumen.

2. **Afterblattläuse:** *Sacchiphantes* (*Chermes*) *abietis*, Fichtengallaus. Erzeugt „Ananasgallen" an Fichtenzweigen. Überwinternde Stammutter legt unbefruchtete Eier an Fichtenknospen. Aus ihnen entstehen geflügelte parthenogenetische ♀♀, die (nicht immer) die Lärche als Zwischenwirt aufsuchen und hier parthenogenetisch Eier ablegen, aus denen ungeflügelte ♀♀ entstehen (Emigranten), aus deren unbefruchteten Eiern geflügelte Gattenmütter hervorgehen, die zur Fichte zurückwandern, unbefruchtete Eier legen, die ungeflügelte ♂♂ und ♀♀ ergeben. Jedes dieser ♀♀ legt ein befruchtetes Ei, das die Stammutter liefert. – *Dactylosphaera* (*Phylloxera*) *vitifolii* (*vastatrix*), Reblaus. Ungeflügelte Wurzelläuse, etwa 1 mm, sämtlich ♀♀, legen parthenogenetisch Eier an Wurzeln der Rebe, aus denen wiederum Wurzelläuse schlüpfen. In Deutschland (meist) nur Wurzelläuse, in USA, woher sie eingeschleppt, geschlossener Entwicklungskreis (Abb. 53) mit oberirdischen Blattgallenläusen. Wurzelläuse verursachen an Faserwurzeln knötchenartige Gallen (Nodositäten), an verholzten Wurzeln größere Wucherungen (Tuberositäten). Schädling.

ε) *Coccina*, Schildläuse

Füße eingliedrig und einkrallig. ♂ ohne Schnabel, meist mit Vorderflügeln, Hinterflügel fast ganz rückgebildet, durchläuft bei manchen Arten zwei bis drei puppenähnliche, unbewegliche Zustände, hat also eine vollkommene Verwandlung[1]). ♀♀ ursprünglicher Formen noch voll beweglich, aber wie alle ♀♀ flügellos, ohne Schild; ♀♀ der an Nährpflanze festgesogenen, streng parasitischen, beinlosen, zum ungegliederten Brutsack umgebildeten „Schildträgerläuse" (Diaspinen) unter losem Schild aus Wachs und abgestreiften Häuten; ♀ der gleichfalls rückgebildeten „Napfläuse" (Lecaninen) unter einem vom eigenen Körper gebildeten, festsitzenden Rükkenschild. Eier unter Schild.

Lepidosaphes ulmi, Kommaschildlaus. Miesmuschelförmig. – *Lecanium corni*, Gewöhnliche Schildlaus. Zahlreiche Wirtspflanzen.

13. Ordnung: *Hymenoptera*, Hautflügler[2])

Sehr klein bis groß, Komplexaugen und Ocellen, Mundwerkzeuge kauend oder leckend-saugend, Antennen borstenförmig, gekämmt, gekniet u. a. Körper gedrungen oder gestreckt, vier häutige, vollständig oder wenig geaderte Flügel, über Hinterleib flach ausgebreitet, oft rückgebildet oder fehlend; Gangbeine, häufig mit Putzapparat. Hinterleibssegment stets mit der Brust verwachsen, oft Einschnürung zwischen zweitem und drittem Abdominalring (Taille). Legeapparat oft frei vorragend oder zu Stechapparat umgebildet. Verwandlung vollkommen (Holometabolie). Larven: Afterraupen oder kopf- und fußlose Maden, vielfach mit Spinnvermögen; Puppe gemeißelt, oft in Kokon (Blattwespen). Vielfach Staaten bildend. Räuber oder Pflanzenfresser (Pollen-, Honigvertilger). Larven phytophag, karnivore Parasiten oder mit Pollen und Honig ernährt. Oft Gallenbildner. Landtiere.

1. Unterordnung: *Symphyta*, Pflanzenwespen

Mundwerkzeuge beißend, Flügel vollständig geadert, Hinterleib sitzend (ohne Taille), kurzer Legebohrer frei sichtbar. Larven (Afterraupen) mit Kopfkapsel und kräftigen kauenden Mundwerkzeugen, phytophag, frei auf Blättern (mit Beinen) oder minierend (mit Beinstummeln). Puppe in Kokon.

Athalia spinarum, Rübenblattwespe. – *Lophyrus pini*, Kiefernblattwespe. ♂ mit büscheligen Antennen. Larven

[1]) Von einigen Forschern als Parametabolie bezeichnet und noch zur unvollkommenen Verwandlung (Heterometabolie) gerechnet.

[2]) Bischoff, H.: Biologie der Hymenopteren, Berlin 1927.

auf Kiefern durch Nadelfraß sehr schädlich. – *Sirex gigas*, Riesenholzwespe. Larve in Fichtenholz. – *Cephus pygmaeus*, Getreidehalmwespe. Larve schädlich in Weizen- und Roggenhalmen.

2. Unterordnung: *Terebrantia*, Schlupf- und Gallwespen

Mundwerkzeuge kauend-leckend, Flügeladern oft stark rückgebildet, Hinterleib gestielt (Taille), Legebohrer oft sehr lang. Madenförmige Larven meist Entoparasiten in Eiern, Larven und Puppen von Kerbtieren oder in Pflanzengallen.

Mit den Familien:

1. *Ichneumonidae*, Ichneumoniden. ♀♀ legen Eier in Insekten, Larven Entoparasiten, viele Nützlinge als Vertilger schädlicher Insekten.

Gattung *Ichneumon*.

2. *Braconidae*, Brakoniden

Apanteles glomeratus, Weißlingsschmarotzer. Larven Entoparasiten in Kohlweißlingsraupen, auf deren Resten sie sich einzeln in gelbliche Kokons gehüllt, zu einem Klumpen vereint („Raupeneier"), verpuppen.

3. *Cynipidae*, Gallwespen. Körper seitlich zusammengedrückt. Larve in Gallen oder auch als Parasiten in Insekten.

Diplolepis (*Cynips*) *quercus folii*, Eichengallwespe. Je ein befruchtetes Ei wird in Blattrippe auf Unterseite eines Eichenblattes abgelegt. Es bildet sich ein einkammeriger, anfangs grünlicher, später rotbäckiger Gallapfel. Die im Herbst schlüpfenden, aus der Galle sich hinausnagenden Tiere sind sämtlich ♀♀. Diese legen parthenogenetisch erzeugte Eier in Adventivknospen von Eichen; hier bilden sich zylindrische, behaarte Gallen, aus denen im Frühjahr ♂♂ und ♀♀ hervorgehen. Diese ♀♀ von den parthenogenetischen ♀♀ gestaltlich sehr verschieden, legen befruchtete Eier in Blattadern. – *Rhodites rosae*, Rosenblattwespe. Erzeugt an Zweigen, besonders von Wildrosen, mehrkammerige, mooskugelähnliche Gallen (Schlafäpfel, Bedeguare).

4. *Chalcydidae*, Erzwespen. Metallfarben, sehr klein. Larven meist Parasiten in Insekteneiern und Raupen, selten phytophag.

Pteromalus puparum, Puppenzehrwespe. Larven Entoparasiten in Schmetterlingspuppen. – *Blastophaga psenes*, Feigenwespe. Erzeugt Gallen in ♂ Blüten der wilden Feige.

Die schlüpfenden ♀♀ besuchen zur Eiablage die ♀ Blüten der edlen Feige. Das im Blütenboden abgelegte Ei und die daraus entstehende Larve verursachen eine Wucherung, durch die die Frucht saftiger und süßer wird. – ***Encyrtus* (*Ageniaspis*) *fuscicollis*.** Larve Entoparasit in Raupen. Vermehrung des Embryo durch Polyembryonie (Germinogonie, s. S. 74).

5. *Serphidae.* Nicht metallisch; meist winzige Entoparasiten in Insekten.

Teleas laeviusculus, Eierwespchen. Larven Entoparasiten in Eiern des Kiefernspinners.

3. Unterordung: *Aculeata*, Stechimmen

Mundwerkzeuge kauend-leckend-saugend (Abb. 7 b). ♀ *mit Stechapparat, Giftstachel* (dieser manchmal rückgebildet). Flügel manchmal fehlend. Taille. Brutfürsorge und Brutpflege treibend. Vielfach in Staaten lebend (soziale Immen) mit Polymorphismus. Phytophag, karnivor, viele Räuber. Larven: Maden, Ektoparasiten an Kerbtieren oder mit Honig, Pollen, gelähmten Insekten gefüttert.

Mit den Familien:

1. *Chrysididae*, Goldwespen. Metallfarben. Kugeln sich bei Beunruhigung zusammen.

Chrysis ignata, Feuergoldwespe. Brutparasit bei anderen Wespen. Legt „Kuckucksei" an das für Larven des Wirtes bestimmte Futter. Die schlüpfende Larve vertilgt Futter und Wirtslarve.

2. ***Mutillidae***, Ameisenwespen. Bunt. ♂♂ meist geflügelt, ♀♀ ungeflügelt, ameisenähnlich. Entoparasiten in Larven von Bienen u. a.

Mutilla europaea, Europäische Ameisenwespe. Larve Entoparasit in Hummellarven.

3. ***Formicidae***, Ameisen. Mundwerkzeuge kauend-lekkend. Giftstachel meist vorhanden (Ameisensäure in Giftblase). In Staaten lebend. – ***Kasten*** (***Stände***): 1. geflügelte ♂♂ und 2. ♀♀ (verlieren Flügel nach Hochzeitsflug) und 3. ungeflügelte Arbeiter (verkümmerte ♀♀). Ferner *Unterkasten:* Soldaten, mit großem Kopf und kräftigen Oberkiefern; „Honigtöpfe" mit kugelig prall honiggefülltem Hinterleib. – ***Bauten*** (Nester): a) System von Kammern und Verbindungsgängen in Erde, Holz; b) zusammengesetzte Nester: Erdnest und oberirdischer „Ameisenhaufen" aus trockenen Nadeln u. a.;

c) Kartonnester in Höhlen oder frei aufgehängt an Ästen aus zerkautem und eingespeicheltem Holz; d) gesponnene Nester (Weberameisen) aus tütenartig zusammengesponnenen Blättern. Zum Spinnen werden die eigenen Larven von den Arbeitern mit den Oberkiefern erfaßt und als lebende Weberschiffchen von Blattrand zu Blattrand geführt, wobei der von den Larven ausgeschiedene Spinnfaden Verwendung findet; e) Nester in natürlichen Hohlräumen von „Ameisenpflanzen". – Gründung des Staates erfolgt durch (meist) ein befruchtetes ♀ (seltener mehrere ♀♀). Die „Königin" baut die erste Kammer und legt Eier ab. Die schlüpfenden Arbeiter übernehmen weitere Arbeiten am Nest und die Pflege der aus den fortlaufend von der Königin gelegten Eiern entstehenden Larven. Einzelstaat kann mehrere 100000 Individuen umfassen. Larven verpuppen sich in Kokons („Ameiseneier"). Es werden nicht nur Larven von Arbeitern gefüttert, sondern auch die Königin und gewisse Arbeiter. Nahrung: Tierische und pflanzliche Stoffe. Manche tropische Arten *sammeln Vorräte* (Getreide) für schlechte Jahreszeit, andere sind *Pilzzüchter*, die „Kohlrabi" in besonderen Pilzgärten ziehen. Blattläuse werden vielfach wegen süßer Ausscheidungen im Sinn von *Nutzvieh* gehalten. In den Ameisenbauten leben *Ameisenfreunde* (Myrmecophile): 1. *Echte Gäste* (Symphyle), z. B. Kurzflügler wie Büschelkäfer (*Lomechusa*), *Atemeles* und Keulenkäfer (*Claviger*), die von Ameisen gepflegt werden. Sie scheiden narkotisch wirkende Stoffe am Grunde von Haarbüscheln (Trichomen) aus. Die Gäste lassen sich von Wirten ernähren oder vertilgen deren Brut. Die „süchtigen" Arbeiter können ihre Pflichten so weit vergessen, daß die ganze Kolonie verkümmert. – 2. *Hausgenossen* (Synoeken), indifferent geduldete Gäste (Insekten) und – 3. *feindliche Einmieter* (Synechthren), unter denen sich viele auffallend ameisenähnliche Formen (Ameisenmimikry) oder durch „Trutzgestalt" geschützte Kerbtierarten finden.

Beziehungen der Ameisen untereinander: Angehörige eines Staates erkennen sich offenbar am Nestgeruch. *Diebsameisen* sind kleinere Arten, die ihre engen Gänge in Nestern größerer Arten anlegen und sich von der Brut der Wirte räuberisch ernähren. *Gastameisen* leben friedlich in zusammengesetzten Nestern beieinander. In gemischten Staaten leben *Sklavenhalter*, das Herrenvolk, mit *Sklavenameisen* zusammen. Die „Herren" rauben Puppen anderer Arten und erziehen aus ihnen Sklavenarbeiter. Manchen Herrenarten fehlt die eigene Arbeiterklasse ganz, so daß sie von den Sklaven völlig abhängig sind.

Anergetes atratulus, Sklavenhalter, ohne eigene Arbeiter. – *Solenopsis fugax*, Diebsameisen. – *Camponotus ligniperda*, Roßameise. In Holz. – *Lasius fuliginosus*, Glänzendschwarze Holzameise. Kartonartige Nester in Baumstümpfen. – *Formica rufa*, Rote Waldameise. Bauten aus trockenen Nadeln u. a. bis 1,5 m hoch. Nützlich[1]. — *Monomorium pharaonis*, Pharaoameise. Oft in riesigen Massen in Häusern. – *Atta*-Arten, Blattschneiderameisen. Amerikanische Tropen. Zerschneiden Blätter; eingetragene Blattstücke werden zerkaut und zur Herstellung von Pilzgärten verwendet. Larven werden mit gezüchteten Pilzen aufgezogen. – *Oecophylla smaragdina*, Smaragdameise. Weben mit Hilfe ihrer Larven (s. oben) Nester aus Blättern. Afrikanische Tropen.

4. *Sphegidae*, Grabwespen

Graben kleine Erdnester oder legen Nestkammern in hohlen Stengeln bzw. in Holzbohrgängen von Käfern an. Tragen gelähmte Insekten als Larvenfutter ein.

Sphex maxillosus, Heuschreckenjäger. Erdröhre mit mehreren abgezweigten Nestkammern. Trägt Heuschrecken und andere durch Stiche gelähmte Insekten als Larvenfutert ein.

5. *Pompilidae*, Wegwespen

Graben Erdnester. Tragen gelähmte Spinnen als Larvennahrung ein.

Pompilus viaticus, Gemeine Wegwespe.

6. *Vespidae*, Faltenwespen

Meist gelbschwarz gezeichnet. Mundwerkzeuge kauend. Flügel längs faltbar. Giftstachel. Brutfürsorge oder Brutpflege. Einzeln lebend oder Staaten bildend.

Eumenes coarctata, Pillenwespe. Einzeln lebend (Solitärwespe). Krugförmig, haselnußgroße Lehmnester an Steinen, Rinde u. a., mit Spannerraupen angefüllt als Nahrung für Larve. – *Vespa*-Arten, Wespen. Gesellig, in Staaten lebend (Soziale Wespen). Das befruchtete ♀, die Königin, überwintert in Versteck und gründet im Frühjahr das Nest, legt Eier und zieht einige kleinere ♀♀ als Hilfsweibchen („Arbeiterin-

[1]) *Gösswald, K.*, Die Rote Waldameise im Dienste der Waldhygiene, Lüneburg (1952)

nen") heran, die bei Aufzucht der Larven und beim Ausbau des Nestes helfen. Larven werden mit zerkauten Insekten gefüttert (direkte Brutpflege). Im Sommer entstehen größere ♀♀, die unbefruchtete Eier legen, aus denen ♂♂ werden. Hochzeitsflug im Herbst. Nest besteht aus horizontal in Etagen angeordneten Waben aus sechseckigen Zellen (Mündung nach unten) sowie einer blättrigen Außenhülle aus zerkauten Holzfasern (Papier). Im Herbst stirbt das ganze Volk ab, mit Ausnahme der Königinnen. Nahrung: Insekten, zuckerhaltige Früchte u. a.

Vespa crabro, Hornisse. Größte einheimische Art. Stich schmerzhaft. – *Polistes gallicus*, Gallische Wespe. Kleines Nest: gestielte Wabe aus Papier *ohne* Hülle.

7. *Apidae*, Bienen

Mundwerkzeuge kauend-leckend. Körper dicht behaart. Meist Giftstachel. Larvennahrung: Pollen und Honig. ♀♀ mit Haarsammelapparaten an Schenkeln, Schienen oder am Bauch. Einzeln lebend (Solitäre Bienen) oder Staaten bildend (Soziale Bienen) oder Brutschmarotzer bei anderen Bienen.

I. Solitärbienen: Andrena-Arten, Erd- oder Sandbienen

Andrena-Arten, Erdröhren mit Nestkammern. Larvennahrung: Pollen. Schenkelsammler. — *Xylocopa*-Arten, Holzbienen. Hummelähnlich. Neströhre in Holz, mehrere mit Pollen und Honig beschickte, verdeckelte Zellen hintereinander. Schienensammler. — *Chalicodoma muraria*, Mörtelbiene. Mehrzelliges Nest aus mit Speichel verkittetem Sand und Steinchen an Mauerwerk. Larvennahrung: Brei von Pollen und Honig. Bauchsammler. — *Megachile*-Arten, Blattschneiderbienen. Schneiden kreisrunde Teile aus Blättern, tapezieren damit Neströhre aus, in der mehrere verdeckelte Zellen hintereinander gebaut werden. Larvennahrung: Pollen. Bauchsammler.

II. Soziale Bienen: Bombus- und *Apis*-Arten, Hummeln und Bienen

Hummeln: Plump. Nester in Höhlungen: Einfache Wachszellen, von Wachshülle umgeben. Larven werden mit Pollen gefüttert, direkte Brutpflege. ♀♀ mit Wachsdrüsen. Befruchtetes ♀ überwintert, gründet im Frühjahr den Staat, zieht Hilfs-♀♀ heran, die unbefruchtete Eier legen, aus denen Drohnen entstehen. Im Herbst stirbt das Volk ab. Schienensammler mit Körbchen. – *Bienen: Apis mellifica*, Honigbiene. Große, mehrjährige Nester (Stöcke) mit senkrecht stehenden Wachswaben aus sechseckigen Zellen. Jeder Stock nur mit einem befruchteten ♀ (Königin oder Weisel) ohne Sammelapparat mit Stachel und mit vielen (bis 150000) Arbeiterinnen [kleine ♀♀ mit Giftstachel, Schienensammler mit Körbchen und Bürste (Abb. 12e) mit Wachsdrüsen am Hinterleib], die Futter eintragen, Zellen bauen und Larven aufziehen. In besonderen Zellen Aufzucht von (großäugigen) Drohnen aus unbefruchteten Eiern der Königin. Junge Königinnen werden in großen, unregelmäßig geformten „Weiselwiegen" mit besonderem Futter erzogen. Gründung neuer Stöcke durch „Schwärmen". Junge oder alte Königin wandert mit Teil des Volkes aus. Im Herbst Abtöten der ♂♂ (Drohnenschlacht). Arbeiterinnen können unbefruchtete Eier legen, die nur ♂♂ ergeben (Drohnenbrütigkeit). – *Melipona*. Gattung stachelloser Bienen. Tropen.

III. Brutschmarotzer: Psithyrus-Arten, Schmarotzerhummeln

♀♀ ohne Sammelapparat, dringen in artfremde Nester ein, nähren sich von Vorräten der Wirte und legen Eier in deren Zellen. – *Nomada*-Arten, Schmarotzerbienen. Legen „Kuckuckseier" in Zellen anderer Bienenarten.

14. Ordnung: *Coleoptera*, Käfer[1])

Klein bis sehr groß, oft farbenprächtig, Komplexaugen, Ocellen selten, Mundwerkzeuge kauend, Antennen sehr verschieden gestaltet, Körper meist stark chitinisiert, gedrungen, gestreckt oder flach, meist Gangbeine, aber auch Grab-, Schwimm- und Sprungbeine, manchmal Haftapparate an Tarsen. Vorderflügel: harte Deckflügel (Elytren), oft verkürzt; Hinterflügel: Flugflügel, meist unter Deckflügeln verborgen, oft rückgebildet. Verwandlung vollkommen (Holometabolie, Abb. 56). Vorwiegend eierlegend. Larven sehr verschieden gestaltet (campodeid, Maden, Engerlinge), mit Brustbeinen, Beinresten oder fußlos, oft mit unechten Raifen (Pseudocerci). Puppe gemeißelt (Abb. 55c, 57a). Phytophag[2]),

[1]) v. Lengerken, H.: Brutpflege und Brutfürsorgeinstinkte der Käfer, 2. Aufl., Akadem. Verlagsges. Gest u. Portig, Leipzig 1954. — Freude, H., Harde, K. W., u. Lohse, G. A.: Die Käfer Mitteleuropas, Goecke u. Evers, Krefeld, ab 1964. — Horion, A.: Faunistik der mitteleuropäischen Käfer, bisher 10 Bände (letzter Band 1965).

[2]) Pflanzenfresser.

Aasfresser, Kotvertilger, Räuber usw. Land- und Wassertiere.

1. Unterordnung: *Adephaga*

Wichtigere Familien:

1. *Carabibae*, Laufkäfer. Antennen fadenförmig, Larven campodeid, Lauf- und Raubtiere. Selten phytophag. Meist Nachttiere.

Carabus auratus, Goldlaufkäfer. Tagtier. – *Zabrus tenebrioides*, Getreidelaufkäfer. Getreideschädling. – *Calosoma sycophanta*, Erzglänzender Puppenräuber. Larve und Imago nützlich als Vertilger forstschädlicher Raupen.

2. *Dytiscidae*, Fadenschwimmkäfer. *Dytiscus marginalis*, Gelbrand. Hinterextremitäten: Schwimmbeine, ♂ mit Saugnäpfen an Vordertarsen. Larvenmandibeln hohle Saugzangen. Räuber.

2. Unterordnung: *Polyphaga*

3. *Staphylinidae*, Kurzflügler. Elytren verkürzt, leben von faulenden Stoffen und als Räuber. Viele Ameisengäste.

Staphylinus olens, Stinkender Aaskäfer.

4. *Silphidae*, Aaskäfer. Fühler keulig.

Necrophorus vespillo, Totengräber. Vergräbt kleine Wirbeltierleichen. Brutpflege. – *Blitophaga opaca* und *undata*, Rübenaaskäfer. Larven asselförmig. Rübenschädlinge.

5. *Hydrophilidae*, Kolbenwasserkäfer. Fühler keulig. Larven z. T. mit seitlichen Tracheenkiemen am Hinterleib, *Hydrophilus piceus*, Pechschwarzer Kolbenwasserkäfer. Larve und Käfer mit Ruderbeinen. Käfer phytophag, Larve räuberisch.

6. *Cantharidae*, Weichkäfer. Weichhäutig.

Lampyris noctiluca, Leuchtkäfer. Mit Leuchtorganen. ♀ flügellos, larvenähnlich. Räuber.

7. *Coccinellidae*, Marienkäfer, Körper halbkugelig.

Coccinella septempunctata, Siebenpunkt. Rot, mit sieben schwarzen Flecken. Larve und Käfer Blattläusefresser, nützlich.

8. *Elateridae*, Schnellkäfer. Mit Schnellvorrichtung. Larven phytophag: „Drahtwürmer“. Schädlinge.

Agriotes obscurus und *lineatus*, Saatschnellkäfer.

9. *Meloidae*, Pflasterkäfer. Elytren elastisch. Verwandlung hypermetabol (s. S. 76).

Meloë proscarabaeus, Ölkäfer. Flügeldecken verkürzt. – *Lytta vesicatoria*, Spanische Fliege. Grün. Liefert Kantharidin, für Zugpflaster verwendet.

10. *Tenebrionidae*, Dunkelkäfer. Düster gefärbt.

Tenebrio molitor, Mehlkäfer. Larve „Mehlwurm".

11. *Chrysomelidae*, Blattkäfer. Oval, lebhaft gefärbt, gewölbt, Larve frei auf Blättern.

Doryphora decemlineata, Kartoffelkäfer. 1 cm, gelb, mit zehn schwarzen Längslinien. Larve, 12 cm, hochgewölbt, jung: rot; erwachsen: orange. Rötliche Puppe in Erde. Käfer überwintert in Erde. Eiablage in Platten auf Unterseite von Blättern. Aus USA eingeschleppt, über Frankreich nach Deutschland. Larven und Käfer zerfressen Kartoffelgrün. Großschädling des Kartoffelanbaues.

12. *Cerambycidae*, Bockkäfer. Fühler lang, fadenförmig. Larven meist in Holz.

Hylotrupes bajulus, Hausbock. Larve zerstört ganze Dachstühle.

13. *Curculionidae*, Rüsselkäfer. Vorderkopf rüsselartig verlängert. Pflanzenfresser. Larven im Inneren von Pflanzenteilen.

Hylobius abietis, Brauner Fichtenrüßler. Larven in toten Nadelholzwurzeln, Käfer fressen Rinde junger Kiefern und Fichten. Sehr schädlich. – *Anthonomus pomorum*, Apfelblütenstecher. 4,5 mm, Entwicklung in geschlossen bleibenden Knospen des Apfelbaumes („Rote Mützen"). – *Calandra granaria*, Kornkäfer. 4,5 mm, braun, Entwicklung in Getreidekörnern. Großschädling des lagernden Getreides, das von Larven und Käfern zerfressen wird.

14. *Scolytidae* (= *Ipidae*), Borkenkäfer. Klein, walzig, Entwicklung in Bast, seltener in Holz, legen „Brutbilder" (Brutfraß) an, der für jede Art bezeichnend ist. Fraßbild besteht aus Muttergang und den von diesem ausgehenden Larvengängen. Eiablage im Muttergang. Meist sekundäre Forstschädlinge, das heißt, sie gehen an (z. B. durch Nonnenfraß) geschwächte oder aus primärer Ursache kranke Bäume.

Blastophagus piniperda, Großer Kiefernmarkbohrer, Waldgärtner. Jungkäfer im Innern von Kieferntrieben, die er ausfrißt. Waldverwüster.

15. *Lucanidae*, Hirschkäfer. Larven in Holz.

Lucanus cervus, Hirschkäfer. ♂ mit geweihartigen Oberkiefern.

16. *Scarabaeidae*, Blatthörner. Antennen mit fächerartig angeordneten Lamellen. Phytophag.

Geotrupes stercorarius, Roßkäfer. Trägt Dung in unterirdische Brutbauten ein. *Ateuchus sacer*, Heiliger Pillendreher („Skarabaeus"). Knetet Pillen, die er eingräbt und zum Teil zu Brutbirnen umarbeitet. – *Melolontha melolontha* und *hyppocastani*, Maikäfer. Eier in Erde. Larven weiß, gekrümmt, mit verdicktem Hinterende (Engerlinge), in Erde, an Wurzeln. Entwicklungsdauer vier bis fünf Jahre (Maikäferjahre). Käfer fressen Laub. Großschädlinge. – *Oryctes nasicornis*, Nashornkäfer. ♂ mit krummem Horn auf dem Kopf. Große Engerlinge im Kompost.

15. Ordnung: *Strepsiptera*, Fächerflügler[1])

Klein, ♂ mit Komplexaugen, ♀ meist blind, ♂ Antennen gekämmt, Mundwerkzeuge rückgebildet. ♂ Vorderflügel: Schwingkölbchen (Halteren), Hinterflügel groß, fächerartig gefaltet; ♀ meist flügellos, fußlos, madenförmig als Entoparasit im Hinterleib von Bienen, Wespen u. a.; vivipar. Verwandlung vollkommen (Holometabolie). Larven (Triungulinen) anfangs campodeid, später madenförmig (Abb. 22).

Stylops melittae, schmarotzt bei Arten der Bienengattung *Andrena* (Stylopsierte Bienen).

16. Ordnung: *Neuroptera*, Netzflügler

Mittelgroß, unscheinbar gefärbt, Komplexaugen oft mit Ocellen, Antennen fadenförmig, Mundwerkzeuge kauend, Körper gestreckt, Gangbeine, vier Flügel: groß, netzartig geadert, dachartig zusammengelegt. Verwandlung vollkommen (Holometabolie). Larven campodeid. Puppe gemeißelt. Eierlegend. Räuber. Land- und Wassertiere.

1. Unterordnung: *Megaloptera*, Schlammfliegen

mit der Familie der

Sialidae, Wasserflorfliegen

Sialis flavilatera, Schlammfliege. An stehenden Gewässern. Larve mit paarigen, gegliederten zu Tracheenkiemen umgewandelten Hinterleibsgliedmaßen (Abb. 18). Im Wasser.

[1]) Mit den Käfern als *Coleopteroidea* zusammengefaßt.

2. Unterordnung: *Raphidides*, Kamelhalsfliegen

Einzige Familie

Raphididae, Raphidier

Raphidia notata, Kamelhalsfliege. Vorderbrust halsartig verlängert. Lange Legeröhre. Landtiere.

3. Unterordnung: *Planipennia*, Hafte

Mit den wichtigeren Familien:

1. *Chrysopidae*, Goldaugen, Florfliegen.

Chrysopa vulgaris, Gewöhnliche Florfliege. Grün, gestielte Eier auf Blättern, Larve: „Blattlauslöwe", frißt Blattläuse, Puppe in Kokon.

2. *Myrmeleonidae*, Ameisenjungfern.

Myrmeleon formicarius, Ameisenjungfer. Larve: „Ameisenlöwe", in Sandtrichter, Fallgrube für Ameisen. Malpighische Gefäße – wie auch bei *Chrysopa* – zu Spinndrüsen umgewandelt. Puppe in Kokon.

17. Ordnung: *Mecoptera*[1]), Schnabelhafte

Klein bis mittelgroß, große Komplexaugen, mit und ohne Ocellen, Antennen borstenförmig, Kopf schnabelartig verlängert, an Spitze dieses „Rostrums" gestreckte „kauende" Mundteile, die stechend-saugend wirken, Körper gestreckt, vier häutige Flügel, manchmal rückgebildet, meist Gangbeine. Verwandlung vollkommen (Holometabolie). Larven raupenähnlich, Spinndrüsen (Labialdrüsen); Puppe gemeißelt. Landtiere. Räuber und Aasfresser. Saugen tote Insekten aus.

Panorpa communis, Gemeine Skorpionsfliege. ♂ mit „Zangen" (Raife) am Ende des gekrümmt getragenen Hinterleibs. – *Boreus hiemalis*, Winterhaft. 2,5 mm, bei Frost auf Schnee, Flügel rückgebildet, Hinterbeine: Sprungbeine.

18. Ordnung: *Trichoptera*, Köcherfliegen

Klein bis mittelgroß, schmetterlingsähnlich, Komplexaugen, mit und ohne Ocellen, Antennen lang, fadenförmig, Mundwerkzeuge saugend-leckend, Körper gestreckt, vier große, dicht behaarte und beschuppte Flügel, manchmal rückgebildet, Gangbeine. Verwandlung vollkommen (Holo-

[1]) *Panorpatae*.

metabolie). Eier oft in Form von gallertigem Laich in oder an Wasser. Larven im Wasser, campodeid oder raupenähnlich, Spinnvermögen (Labialdrüsen), in Gehäusen („Köchern") aus versponnenen Pflanzenteilen, Sandkörnern, Schneckenhäusern u. a., büschelige Tracheenkiemen am Hinterleib. Puppe gemeißelt. Phytophag. Räuberisch.

19. Ordnung: *Lepidoptera*, Schmetterlinge[1])

Klein bis sehr groß, Komplexaugen, oft zwei Ocellen, Larven mit Punktaugen (Stemmata), Antennen fadenförmig, gekämmt, gesägt, keulig, Mundwerkzeuge meist saugend (Abb. 7d). Körper gestreckt oder gedrungen, Gangbeine, vier Flügel, selten rückgebildet, beschuppt (Schuppen Träger der Pigment- und Strukturfarben), in Ruhe dachartig, seitwärts gespreizt oder hochgeklappt. Verwandlung vollkommen (Holometabolie). Eierlegend. Larven: Raupen mit drei Brust- und zwei oder fünf Paar Afterfüßen (Kranz- und Klammerfüße), oft mit Spinnvermögen. Mumienpuppe, vielfach in Kokon. Imagines selten Pollenfresser, meist Nektarsauger. Raupen Pflanzenfresser, seltener von tierischen Substanzen lebend, zahlreiche Minierer, manche in Gallen. Landtiere.

Mit den wichtigeren Familien:

1. *Tineidae*, Motten. Flügel schmal, lang befranst. Raupen in Gespinströhren oder Minierer.

Tineola bisselliella u. *Dystinea* (*Tinea*) *pellionella* (Kleider- und Pelzmotte). — *Tinea granella*, Kornmotte. Raupe („Weißer" Kornwurm) schädlich im lagernden Getreide.

2. *Tortricidae*, Wickler. Raupen in zusammengerollten, versponnenen Blättern oder in Früchten.

Conchylis ambiguella, Einbindiger Traubenwickler und *Polychrosis botrana*, Bekreuzter Traubenwickler. Beide als Heu- und Sauerwürmer schädlich an Blüten und saueren Trauben des Weinstockes. — *Carpocapsa pomonella*, Apfelwickler. Raupe als „Apfelmade" in Äpfeln.

3. *Cossidae*, Holzbohrer. Larven in Holz, Gänge fressend.

Cossus cossus, Weidenbohrer. Große, fleischrote Raupe in Weiden u. a.

4. *Sesiidae*, Glasflügler. Flügel glasartig durchsichtig. Raupen in Holz.

Trochilium apiforme, Hornissenschwärmer. Wespenähnlich (Mimikrybeispiel).

[1]) Hering, M.: Biologie der Schmetterlinge, J. Springer, Berlin 1926.

5. *Pyralidae*, Zünsler. Vorderflügel dreieckig.

Galleria melonella, Wachsmotte. Raupe Wachsschädling in Bienenwaben. – *Ephestia kühniella*, Mehlmotte. Weißliche Raupe sehr schädlich in Mühlen und in Mehlvorräten.

6. *Lasiocampidae*, Glucken. Plump. Ohne Saugrüssel. Raupen haarig.

Dendrolimus pini, Kiefernspinner. Raupe großer Forstschädling durch Kahlfraß an Kiefern. — *Malacosoma neustria*, Ringelspinner. Eier in Ringen um bleistiftdicke Äste von Obstbäumen. „Livréeraupen", blauköpfig („Blauköpfe"), Körper blau, weiß und schwarz gestreift. In Nestern vereint fressend.

7. *Bombycidae*, Echte Spinner. Saugrüssel rückgebildet. Spinnvermögen der Raupen besonders ausgebildet.

Bombyx mori, Asiatischer Seidenspinner. Aus China eingeführt. Larve: Seidenwurm. Nahrung: Maulbeerblätter. Kokons werden zur Seidengewinnung abgespult. – *Thaumetopoea processionea*, Eichen- und *Th. pinivora*, Kiefernprozessionsspinner. Raupen wandern in Zügen. Ihre Brennhaare verursachen Hautentzündungen.

8. *Noctuidae*, Eulen. Nachttiere. Raupen nackt. Rollen sich oft spiralig ein.

Panolis flammea, Forl- oder Kieferneule. Raupe großer Kiefernschädling, Nadelfraß. – *Agrotis segetum*, Wintersaateule. Raupen („Erdraupen") meist unterirdisch fressend, Schädling an Kulturpflanzen.

9. *Arctiidae*, Bären. Raupen dicht behaart (Bärenraupen).

Arctia caja, Brauner Bär. Raupe braunpelzig.

10. *Liparidae* (*Lymantriidae*), Wollspinner. Plump. Körper behaart. Saugrüssel verkümmert. Nachttiere. Raupen behaart.

Lymantria dispar, Schwammspinner. Eier in Paketen mit Wollhaaren vom Afterpolster des ♀ bedeckt („Schwamm"). Raupen mit blauen und roten Knopfwarzen. Laubbaumschädling. – *L. manacha*, Nonne. Raupen infolge Kohlfraß an Nadelbäumen große Forstschädlinge. – *Euproctis chrysorrhoea*, Goldafter. Jungraupen überwintern gemeinsam in versponnenen Blättern (Winternester). Schädlich durch Blattfraß an Laubbäumen.

11. *Sphingidae*, Schwärmer. Körper spindelförmig. Vorderflügel lang und schmal. Ausgezeichnete Flieger. Einge-

rollt getragener, langer Saugrüssel, dessen Länge in Wechselbeziehung zur Tiefe der Blüte steht, die speziell als Nahrungsquelle dient. Raupen mit Horn am Hinterende. Puppe in Erde. Dämmerungstiere.

Acherontia atropos, Totenkopf. Totenkopfähnliche Zeichnung auf Oberseite der Brust. Raupe an Kartoffelgrün. – *Smerinthus ocellata*, Abendpfauenauge. Große Augenflecke auf Hinterflügeln.

12. *Geometridae*, Spanner. Nackte Raupen bewegen sich spannend (Abb. 11). Oft astähnlich.

Hibernia defoliaria, Großer Frostspanner. Fliegt im Spätherbst. ♀ flügellos. Schädling an Obstbäumen. – *Bupalus piniarius*, Kiefernspanner. Raupe schädlich durch Nadelfraß.

13. *Papilionidae*, Ritter. Flügel groß. Tagfalter. Raupe mit vorstülpbarer Nackengabel. Gürtelpuppe.

Papilio machaon, Schwalbenschwanz. Grüne, schwarz. gezeichnete Raupe, besonders auf Möhren.

14. *Pieridae*, Weißlinge. Weiß beschuppt. Gürtelpuppe

Pieris brassicae, Großer Kohlweißling. „Kohlraupen". – *Aporia crataegi*, Baumweißling. Bräunliche Raupe schädlich an Laubbäumen. Gelegentlich Massenauftreten.

15. *Nymphalidae*, Eigentliche Tagfalter. Farbenprächtig. Flügel in Ruhe hochgeklappt. Vorderfüße: Putzpfoten. Gürtelpuppen, kopfabwärts befestigt (Sturzpuppen).

Vanessa urticae, Kleiner Fuchs. Schwarz bedornte Raupe gesellig auf Brennesseln. – *V. antiopa*, Trauermantel. – *V. levana* (*prorsa*), Landkärtchen. Zwei Generationen von Faltern jährlich. Saisondimorphismus: im Frühjahr fliegende Wintergeneration (als Puppe überwintert) von der Sommerform (aus Sommerpuppe geschlüpft) in Färbung und Zeichnung sehr verschieden. – *Kallima*-Arten, Blattschmetterlinge. Blattähnlich, wenn sie mit zusammengeklappten Flügeln sitzen. Oberseite farbig. Bekanntes Beispiel für Phytomimese (s. S. 81).

20. Ordnung: *Diptera*, Zweiflügler

Winzig bis mittelgroß, Komplexaugen, meist Ocellen, Mundwerkzeuge leckend oder stechend-saugend, Antennen meist borstenförmig, Körper gestreckt oder gedrungen, Vorderflügel glasig, wenig geadert, selten rückgebildet, Hinterflügel zu Schwingkölbchen (Halteren) umgewandelt; Gangbeine mit Haftvorrichtungen zwischen den Krallen; Raife (Cerci) vorhanden oder fehlend. Verwandlung vollkommen (Holometabolie). Eierlegend, selten larvipar[1]). Larven stets fußlos (apod), mit verschiedenartig ausgebildeter Kopfkapsel nebst Mundwerkzeugen oder ohne Kopfkapsel (Acephalie) mit stark modifizierten Mundgliedmaßen; meist Landtiere, selten im Wasser; Nahrung: Aas, Kot, Pflanzenteile (Minierer, Gallenerzeuger), Räuber oder Entoparasiten; Puppe gemeißelt, Mumien- oder Tönnchenpuppe. Imagines, Landtiere; Blutsauger, Räuber, Ektoparasiten, Pollenfresser oder von Pflanzensäften lebend.

1. Unterordnung: *Nematocera*, Mücken

Körper schlank, vielgliedrige Antennen, Flügel und Beine gestreckt. Larven mit Kopfkapsel. Meist gemeißelte Puppe oder Mumienpuppe.

Mit den Familien:

1. *Mycetophilidae*, Pilzmücken. Vorwiegend Entwicklung in Pilzen. Nicht stechend.

Sciara militaris, Heerwurmtrauermücke. Larve: „Heerwurm", wandert in Massen. Mit Kopfkapsel.

2. *Cecidomyidae*, Gallmücken. Klein, zart. Nicht stechend. Larve mit Kopfkapsel, oft in Gallen, Pilzfresser, Fäulnisliebhaber, Räuber.

Mayetiola destructor, Hessenfliege. Larve an Weizen und Roggen schädlich. – *Contarinia tritici*, Weizengallmücke. – *Miastor metroloas*. Larven erzeugen Larven (Pädogenese).

3. *Bibionidae*, Haarmücken. Behaart. Nicht stechend. Larven mit Kopfkapsel, phytophag unter faulendem Laub, in Erde.

Bibio hortulanus, Gartenhaarmücke. ♂ schwarz, ♀ teilweise rot. Larven oft in riesigen Massen, schädlich an Wurzeln.

4. *Simuliidae*, Kriebelmücken. Klein, fliegenähnlich. Stechend. Blutsauger. Larven im Wasser. Spinnvermögen. Puppen in tütenförmigen Gespinsten, mit büscheligen Kiemenfäden am Kopf.

---

[1]) Angeblich pupipare Parasiten sind in Wirklichkeit larvipar. Die Larve verpuppt sich wenige Stunden nach der Geburt.

Simulium-Arten. Überfallen weidendes Vieh oft in riesigen Massen, so daß Rinder an Erschöpfung und Vergiftung sterben.

5. *Tipulidae*, Schnaken. Groß. Nicht stechend. Beine sehr lang. ♀ mit Legeapparat. Larven in Erde, Wasser.

Tipula paludosa und *T. oleracea*, Kohl-, Erd-, Wiesenschnake. Larven walzig, fett, fressen an Wurzeln von Kulturpflanzen. Besonders schädlich in Grasflächen („Wiesenwurm"). Puppe in Erde.

6. *Chironomidae*, Zuckmücken. Zart, stechmückenähnlich; ♂ mit fiedrigen Antennen. Rüssel meist verkümmert. Oft in wolkenähnlichen Massen. Larven in Wasser oder Schlamm.

Chironomus plumosus, Federmücke. Larven mit roter Blutflüssigkeit, wichtig als Fischnahrung.

7. *Culicidae*, Stechmücken. ♂ mit fiedrigen Antennen, nicht stechend; ♀ mit langem Stechrüssel, meist Blutsauger. Larven mit Kopfkapsel in stehendem Wasser, fressen zerfallende Pflanzenteile und Mikroorganismen, aber auch räuberisch. Mumienpuppen im Wasser, beweglich; Brust vorn mit zwei Atemhörnchen.

Culex pipiens, Gemeine Stechmücke. Eierschiffchen auf Wasseroberfläche. Larve mit abdominalem Atemrohr kopfabwärts am Wasserspiegel hängend. – *Anopheles maculipennis*, Malariamücke. ♀ überträgt durch Stich (wie auch ♀♀ einer Reihe anderer Arten) Malariaerreger auf Menschen. Eier zerstreut auf Oberfläche klaren, stehenden Wassers. – *Corethra*-Arten, Büffelmücken. Rüssel kurz, nicht blutsaugend. Durchsichtige Larve schwebt horizontal im Wasser.

2. Unterordnung: *Brachycera*, Orthoraphe Fliegen[1])

Körper meist gedrungen, dreigliedrige Antennen, Flügel und Beine relativ kurz, mit und ohne Stechrüssel. Larven mit rückgebildeter Kopfkapsel (hemicephal). Puppe gemeißelt, selten Tönnchen; letzte Larvenhaut bzw. das Puparium (Tönnchen) platzen in einer T-förmigen Naht des Rückens (wie bei den Nematoceren).

[1]) Mit den *Nematocera* als *Orthorapha* (Spaltschlüpfer) zusammengefaßt. Gegensatz: *Cyclorhapha* (Deckelschlüpfer), bei denen ein kreisförmig begrenzter Deckel des Tönnchens abspringt.

Mit den Familien:

1. *Tabanidae*, Bremsen. Großäugig. ♀ Blutsauger. Larven in Erde, Wasser. Räuber.

Tabanus bovinus, Gemeine Rinderbremse. Blutsauger an Vieh. – *Haematopota pluvialis*. Regenbremse („Blinde Fliege"). Sticht Menschen, besonders vor Gewitter.

2. *Asilidae*, Raubfliegen. Großäugig. Stechrüssel. Larven und Imagines räuberische Insektenfresser.

3. Unterordnung: *Cyclorhapha*, Zykloraphe Fliegen

Antennen stets dreigliedrig, Mundwerkzeuge stechend oder leckend-saugend. Vorn zugespitzte Larven acephal, Mundapparat mit vorstülpbaren Mundhaken, Verdauung oft extraintestinal (s. S. 49). Tönnchenpuppe. Deckelschlüpfer. Junge Imago mit vorstülpbarer „Kopfblase" zum Absprengen des Pupariumdeckels.

Mit den Familien:

1. *Phoridae*, Buckelfliegen.

Termitoxenia-Arten. Echte Zwitter (Hermaphroditen). Einzeltier durchläuft erst ♂- dann ♀-, Phase. Räuberisch bei Termiten.

2. *Braulidae*, Bienenläuse.

Braula coeca, Bienenlaus. 1 mm, gänzlich flügellos, Klammerfüße, lausähnlich. Auf Honigbienen. Eierlegend.

3. *Syrphidae*, Schwebfliegen. Behaart; oft wespen- oder hummelähnlich. ♂ mit sehr großen, kugeligen Augen. Vorzügliche Flieger (Schweber). Auf Blüten. Larven in Schlamm, Pflanzen oder räuberisch bei Wespen u. a.

Eristalis tenax, Mistbiene. Bienenähnlich. Larven: „Rattenschwanzmaden", mit langem, schwanzartigem Atemrohr, in Jauche lebend. – *Syrphus pyrastri*, Eiablage auf Blätter. Larve spießt mit Mundhaken Blattläuse auf und saugt sie aus. Nützlich.

4. *Chloropidae*, Halmfliegen, Grünaugen. Kleine Arten. Larven saugen an Pflanzen.

Chlorops taeniopus, Gelbe Halmfliege. Eiablage an Getreidepflanzen. Larven fertigen braune Fraßgänge außen an Halmen. – *Oscinis frit*, Fritfliege. Schwarz, 3 mm. Larve saugt an milchigen Körnern in Ähren, lebt auch in Halmen. Schädling.

5. *Drosophilidae*, Tau- oder Fruchtfliegen. Klein, meist in Massen.

Drosophila-Arten, Essigfliegen. Larven in Essig, Fruchtsäften und gärenden Früchten. Versuchstiere der Vererbungsforscher.

6. *Muscidae*, Echte Fliegen. Mundwerkzeuge leckend-saugend oder stechend. Vollkerfe Blütenbesucher oder Blutsauger. Larven phytophag, in Dung, Fäulnis.

Hylemyia coarctata. Getreideblumenfliege, Brachfliege. Larven in jungen Weizen- und Roggenpflanzen. Schädlich. — *Pegomyia hyoscyami*, Rübenfliege. Larve miniert in Blättern von Zuckerrüben u. a. — *Chortophila brassicae*, Große Kohlfliege. Larven fressen an Wurzeln von Kohl und Kohlrüben, dringen auch ins Innere ein, Pflanzen sterben ab. — *Musca domestica*, Große Stubenfliege. Larve in Pferdedung. Fliege überträgt Infektionskrankheiten. — *Calliphora*-Arten, Schmeißfliegen, Brummer. Larven auf Fleisch. — *Sarcophaga carnaria*, Fleischfliege. Larvipar. Ablage der Larven an Fleisch. — *Stomoxys calcitrans*, Wadenstecher, mit Stechrüssel. Blutsauger an Mensch und Vieh. Larven in Kuhdung. — *Glossina palpalis*, Schlafkrankheitsfliege und andere Arten übertragen (Blutsauger) durch Stich Schlafkrankheitserreger (*Trypanosoma gambiense*). Kongo. — *Gl. morsitans*, Tsetsefliege und andere Arten übertragen durch Stich Naganaseuche (*Tryp. brucei*) auf Haustiere. Afrika.

7. *Tachinidae*, Raupenfliegen. Larven als Entoparasiten (meist) in Raupen.

Tachina-Arten u. a. Eier werden auf Blätter gelegt und von Raupen mitgefressen, an und in Raupen untergebracht oder lebendgeborene Larven an bzw. in Raupen befördert.

8. *Oestridae*, Dasselfliegen, Biesfliegen. Nicht stechend. Verursachen „Biesen“ der Rinder. Larven als Entoparasiten in Säugetieren.

Hypoderma bovis, Dasselbeulenfliege des Rindes. Larven („Hautengerlinge“) erzeugen Dasselbeulen unter der Haut des Rindes. – *Oestrus ovis*, Nasenbremse des Schafes. Larven in Nasen- und Stirnhöhlen des Schafes („Grübler“). – *Gastrophilus equi*, Magenbremse des Pferdes. Larven in der Magenwand des Pferdes verankert. Puppe in Erde.

9. *Hippoboscidae*, Lausfliegen. Läuseähnlich. Blutsau-

ger. Flügel oft rückgebildet oder fehlend. Füße mit Klammerhaken. Im Haar- und Federkleid von Säugern und Vögeln. Lebend gebärend. Larven verpuppen sich wenige Stunden nach der Geburt.

Hippobosca equina, Pferdelausfliege. Geflügelt. – *Melophagus ovinus*, Schaflausfliege, Teke, „Zecke". Flügel fast völlig rückgebildet. Im Vlies der Schafe. Schädlich.

10. *Nycteribiidae*, Fledermausfliegen. Spinnenähnliche Parasiten auf Fledermäusen. Blutsauger. Meist blind. Tropisches Amerika.

Nycteribia-Arten.

21. Ordnung: *Aphaniptera* (*Siphonaptera*), Flöhe

Klein, lederartig chitinisiert, Komplexaugen fehlen, kleine Einzelaugen oder ganz blind; Mundwerkzeuge stechend-saugend, Antennen kurz, in Gruben zurückgeschlagen. Körper seitlich zusammengedrückt, flügellos, Hinterbeine: Sprungbeine. Ektoparasiten auf Warmblütern. Verwandlung vollkommen (Holometabolie). Eiablage in schmutzigen Verstecken. Larve fußlos, mit Kopfkapsel, in Staub, von Abfällen lebend. Puppe gemeißelt, in Gespinst.

Pulicidae, Flöhe. Imagines. Ektoparasiten auf Warmblütern. *Pulex irritans*, Menschenfloh. Ektoparasit auf Mensch und Hund. – *Ctenocephalus canis*, Hunde-oder Kammfloh. Hinterrand der Vorderbrust mit dunklem Stachelkamm. Auf Hund und Mensch. – *Xenopsylla cheopis*, Ratten- oder Pestfloh. Überträger der Beulenpest von Ratte auf Mensch. Indien, Afrika. – *Sarcopsylla penetrans*, Sandfloh. Befruchtete ♀ bohrt sich in Haut des Menschen (besonders unter Zehennägel) und von Säugern ein und schwillt bis zu Erbsengröße an. Vom tropischen Amerika nach Afrika verschleppt.

LITERATUR

Werke allgemein entomologischen Inhalts.[1])

Berlese, A.: Gli Insetti, 2 Bände, Milano, ab 1909.

Brauer, A.: Süßwasserfauna Deutschlands, G. Fischer, Jena, 1909 bis 1912.

Brauns, A.: Taschenbuch der Waldinsekten, G. Fischer, Stuttgart 1964.

Brohmer, P.: Fauna von Deutschland, 5. Aufl., Quelle & Meyer, Leipzig 1944.

Brohmer, P.: Ehrmann, P., u. Ulmer, G.: Tierwelt Mitteleuropas, Bd. IV—VI, Insekten, Quelle & Meyer.

Buchner, P.: Tier und Pflanze in Symbiose, 2. Aufl., Borntraeger, Berlin 1930.

Buchner, P.: Endosymbiose der Tiere mit pflanzlichen Mikroorganismen, Basel 1953.

Ceballos, G.: Elementos de entomologia general, Madrid 1953.

Chauvin, R.: Physiologie de l'insecte, les grandes fonctions, le comportement, écophysiologie, Paris 1949.

Clements, F., u. Shelford, V.: Bio-ecology, 3. Aufl., New York 1947.

Comstock, I. H.: A manual of the study of insects, Ithaca 1917.

Comstock, I. H., u. Kellog, V. L.: Elements of insect anatomy, Ithaca 1918.

Dahl, Fr.: Tierwelt Deutschlands, G. Fischer. Jena, seit 1925.

Deegener, P.: Lebensgewohnheiten der Insekten, Wissenschaft und Bildung 206, Quelle & Meyer, Leipzig 1925.

Eggers, Fr.: Die stiftführenden Sinnesorgane, Zool. Bausteine, hrsg. v. P. Schulze, Bornträger, Berlin 1928.

Escherich, K.: Forstinsekten Mitteleuropas, 3 Bde., Berlin, P. Parey, 1914—1931.

Fabre, I. H.: Souvenirs Entomologiques, Paris, Delagrave. — Bilder aus der Insektenwelt, 2 Bde., Franck, Stuttgart 1914.

Forel, A.: Sinnesleben der Insekten, E. Reichardt, München 1910.

Friederichs, K.: Grundfragen u. Gesetzmäßigkeiten der land- u. forstwirtschaftl. Zoologie, P. Parey, Berlin 1930.

Goetsch, W.: Vergleichende Biologie der Insektenstaaten, 2. Aufl., Leipzig 1953.

Grandi, G.: Introduzione allo studio dell'Entomologia, 2 Bände, Bologna 1951.

Grassé, P.-P.: Traité de Zoologie, Bd. 6, 1949, Bd. 9, 1949, Bd. 10, 1951, Paris.

Handbuch der Pflanzenkrankheiten, Herausgeber: Appel, Blunck, Rademacher u. Richter, Tierische Schädlinge an Nutzpflanzen, Bd. IV, 5. Aufl. 1949; Bd. V, 5. Aufl., 1953—1958

Handschin, E.: Morphologie der Insekten, Sammlung naturw. Praktika, Bd. 16, Borntraeger, Berlin 1928.

Hedicke, H., u. Roß, H.: Pflanzengallen, 2. Aufl., G. Fischer, Jena 1927.

Henneguy, L. F.: Les insectes, Paris 1904.

Hering, M.: Blattminen Mittel- u. Nord-Europas, G. Teller, Neubrandenburg 1935—1938.

Hering, M.: Biology of the leaf miners, s'Gravenhage 1951.

---

[1]) Einige größere Spezialwerke siehe Fußnoten im Text.

Herter, K.: Tastsinn, Strömungssinn u. Temperatursinn der Tiere, Zool. Bausteine, hrsg. v. P. Schulze, Bd. 1, H. 1, 1925.
Hesse, R.: Tiergeographie, G. Fischer, Jena 1924.
Hesse, R., u. Doflein, F.: Tierbau u. Tierleben, 2. Bd., 2. Aufl., G. Fischer, Jena 1935, 1943.
Heymons, R.: Vielfüßler, Insekten u. Spinnenkerfe, Brehms Tierleben, 4. Aufl., Bibliogr. Institut, Leipzig 1915.
Hüsing, J.-O.: Die Metamorphose der Insekten, Neue Brehm-Bücherei, H. 62, 2. Aufl., Wittenberg 1963.
Imms, A. D.: General Textbook of Entomology, London 1925.
Janisch, E.: Das Exponentialgesetz als Grundlage einer vergleichenden Biologie, J. Springer, Berlin 1927.
Karny, H. H.: Der Insektenkörper u. seine Terminologie, A. Pichler, Wien 1924.
Korschelt, E.: Der Gelbrand, 2 Bde., W. Engelmann, Leipzig 1923 bis 1924.
Korschelt, E., u. Heider, K.: Lehrb. d. vergl. Entwicklungsgeschichte der wirbellosen Tiere, 2. Bd., G. Fischer, Jena 1902 bis 1909.
Kükenthal, W.: Handbuch d. Zoologie, Bd. IV, Insecta 1, 1926—1930, 403; Insecta 2, 1933—1936, 893; Insecta 3, 1936—1938, 1729, W. de Gruyter, Berlin. [Wird neu bearbeitet.]
Lampert, K.: Leben der Binnengewässer, Chr. H. Tauchnitz, Leipzig 1910.
Mac Gillivray, A. D.: External insect anatomy, Urbana, Illinois 1923.
Martini, E.: Lehrb. d. medizin. Entomologie, G. Fischer, Jena 1941.
Maxwell-Leffroy, H., u. Howlett, F. M.: Indian insect life, Thacker, Spink a. Co., Calcutta a. Simla 1909.
Meisenheimer, J.: Geschlecht u. Geschlechter, G. Fischer, Jena 1921.
Parkard, O. M.: Lebensgewohnheiten u. Instinkte der Insekten, Friedländer & Sohn, Berlin 1913.
Pflugfelder, O.: Entwicklungsphysiologie der Insekten, 2. Aufl., Akadem. Verlagsgesellsch. Geest u. Portig, Leipzig 1958.
Riedel, M.: Gallen u. Gallwespen, A. G. Lutz, Stuttgart 1910.
Reutter, O. M.: Lebensgewohnheiten u. Instinkte der Insekten, Friedländer & Sohn, Berlin 1913.
Rostrup, S., u. Thomsen, M.: Die tierischen Schädlinge des Ackerbaus, P. Parey, Berlin 1931.
Schönichen, W.: Praktikum d. Insektenkunde, 3. Aufl., G. Fischer, Jena 1930.
Schröder, Chr.: Handb. d. Entomologie, 3 Bände, G. Fischer, Jena 1912 bis 1929.
Schulze, P.: Biologie der Tiere Deutschlands, Borntraeger, Berlin, seit 1923. 3 Bände.
Seidel, F.: Entwicklungsphysiologie des Tiere, Sammlung Göschen, Bd. 1102 u. 1103, de Gruyter, Berlin 1953.
Sharp, D.: Insects, Cambridge, Natural history, Vol. 5—6.
Smith, I. B.: Explanation of termes used in entomology, Brooklyn 1906.
Snodgrass, R. E.: Insects, their ways and means of living, Smithsonian Scientific, Ser. V, 1930.
Snodgrass, R. E.: Principles of insect morphology, New York a. London 1935.
Snodgrass, R. E.: A textbook of arthropod anatomy, Ithaca, New York 1952.
Sorauer, P., u. Reh, L.: Handbuch der Pflanzenkrankheiten, 3.—6. Bd., P. Parey, Berlin 1913—1939.
Stellwaag, F.: Weinbauinsekten der Kulturländer, P. Parey, Berlin 1928.
Tischler, W.: Grundzüge der terrestrischen Tierökologie, Braunschweig 1949.

Weber, H.: Lehrb. d. Entomologie, G. Fischer, Jena 1933.

Weber, H.: Grundriß der Insektenkunde, G. Fischer, 3. Aufl., Stuttgart 1954.

Weyer, F., u. Zumpt, F.: Grundriß d. mediz. Entomologie, J. A. Barth, Leipzig 1941.

Wigglesworth, V. B.: Insect physiology, Methuen. London 1934.

Zacher, F.: Die Vorrats-, Speicher- u. Materialschädlinge, P. Parey, Berlin 1927.

Zacher, F. u. Lange, B., Vorratsschutz gegen Schädlinge, 2. Aufl., P. Parey, Berlin 1964.

SACHREGISTER

Sitzungsberichte

der Gesellschaft Naturforschender Freunde zu Berlin

im Auftrage des Vorstandes herausgegeben von

KONRAD HERTER

Oktav. Jährlich 3 Hefte. Preis pro Band DM 30,—

Bisher erschien:

N. F. Bd. I, Heft 1—3. Mit 53 Abbildungen, 4 Farbtafeln und 2 Tabellen. 162 Seiten. 1961.

N. F. Bd. II, Heft 1—3. Mit 71 Abbildungen. 168 Seiten. 1962.

N. F. Bd. III, Heft 1—3. Mit 21 Abbildungen und 12 Tabellen. 168 Seiten. 1963.

N. F. Bd. IV, Heft 1—3. Mit 14 Abbildungen und 12 Tabellen. 158 Seiten. 1964.

N. F. Bd. V, Heft 1—3. Mit 66 Abbildungen und 6 Tabellen. 167 Seiten. 1965.

1961 begann nach 18jähriger Unterbrechung eine interessante und angesehene wissenschaftliche Zeitschrift wieder zu erscheinen: Mit ihrem vielseitigen Inhalt, der guten Aufmachung und dem annehmbaren Preis wird die neue Folge sicherlich rasch wieder die Bedeutung der alten Sitzungsberichte' erlangen. *Universum Natur und Technik*

WALTER DE GRUYTER & CO · BERLIN 30

DAS TIERREICH

Folgende Lieferungen sind zuletzt erschienen:

73 ORTHOPTERA: *Tettigoniidae* (Pseudophyllinae I). Bearbeitet von M. Beier. Mit 245 Figuren im Text. XII, 468 Seiten. 1962. DM 210,—.

74 ORTHOPTERA: *Tettigoniidae* (Pseudophyllinae II). Bearbeitet von M. Beier. Mit 241 Figuren. 396 Seiten. 1960. DM 175,—.

77 GASTROPODA / PROSOBRANCHIA: *Tonnidae*. Bearbeitet von R. Kilias. Mit 47 Figuren im Text. 63 Seiten. 1962. DM 28,—.

78 *Liste der rezenten Amphibien und Reptilien.* GYMNOPHIONA. Bearbeitet von St. W. Gorham. X, 25 Seiten. 1962. DM 15,—.

79 *Liste der rezenten Amphibien und Reptilien.* HELODERMATIDAE, VARANIDAE, LANTHANOTIDAE. Bearbeitet von R. Mertens. X, 26 Seiten, 1963, DM 14,—.

80 *Liste der rezenten Amphibien und Reptilien.* GEKKONIDAE, PYGOPODIDAE, XANTUSIIDAE. Bearbeitet von H. Wermuth. 286 Seiten. 1965. DM 117,80.

81 *Liste der rezenten Amphibien und Reptilien.* COLUBRIDAE (Dipsadinae). Bearbeitet von J. A. Peters. VIII, 18 Seiten. 1965. DM 12,50.

Ausführlicher Prospekt auf Anforderung

WALTER DE GRUYTER & CO · BERLIN 30

DIETRICH STARCK

Ontogenie und Entwicklungsphysiologie der Säugetiere

Quart. Mit 161 Abbildungen. X, 283 Seiten. 1959.
Ganzleinen DM 140,—

„Dieser inhalts- und umfangreiche Handbuchbeitrag stellt eine in sich geschlossene Monographie dar. Es gibt im neueren internationalen Schrifttum kein vergleichbares Werk! — So sei denn kurz gesagt, daß es dem Autor gelungen ist, die Ontogenese der Proto-, Meta- und Eutheria in einer bisher unerreichbaren Vollständigkeit unter Einbeziehung der experimentellen Ergebnisse darzustellen. Es handelt sich trotz der zahllosen Einzelbefunde nicht um eine Materialzusammenstellung, sondern um eine meisterhafte Synopsis unter allgemein biologischen Gesichtspunkten. Absolut souveräne Stoffbeherrschung erlauben dem Autor Kritik an eingefahrenen und liebgewonnenen Lehrmeinungen auch auf heißem Terrain, so vor allem da, wo es gilt, die Aussagefähigkeit des Embryologen im großen Disput um die Phylogenie der Säuger zu überprüfen. Nie wirkt der Verfasser trocken, nie destriktiv. Die 161 Abbildungen sind sorgsam ausgewählt, sie erläutern den Text vorzüglich. Das Literaturverzeichnis mit über 1500 Nummern ist eine wahre Fundgrube. — Ein Buch, das jeden Biologen angeht." *Homo, Göttingen*

WALTER DE GRUYTER & CO · BERLIN 30

SAMMLUNG GÖSCHEN

GESAMTVERZEICHNIS

Jeder Band DM 3,60 · Doppelband DM 5,80
Dreifachband DM 7,80

Frühjahr 1966

WALTER DE GRUYTER & CO · BERLIN 30

Inhaltsübersicht

Geisteswissenschaften

Philosophie

Einführung in die Philosophie von *H. Leisegang †*. 5. Auflage. 146 Seiten. 1963. (281)

Hauptprobleme der Philosophie von *G. Simmel †*. 8., unveränderte Auflage. 177 Seiten. 1964. (500)

Geschichte der Philosophie

I: Die griechische Philosophie von *W. Capelle*. 1. Teil. Von Thales bis Leukippos. 3., erweiterte Auflage. Etwa 135 Seiten. 1966. (857)

II: Die griechische Philosophie von *W. Capelle*. 2. Teil. Von der Sophistik bis zum Tode Platons. 3., stark erweiterte Auflage. Etwa 144 Seiten. 1966. In Vorbereitung (858)

III: Die griechische Philosophie von *W. Capelle*. 3. Teil. Vom Tode Platons bis zur Alten Stoa 2., stark erweiterte Auflage. 132 Seiten. 1954. (859)

IV: Die griechische Philosophie von *W. Capelle*. 4. Teil. Von der Alten Stoa bis zum Eklektizismus im 1. Jh. v. Chr. 2., stark erweiterte Auflage. 132 Seiten 1954. (863)

V: Die Philosophie des Mittelalters von *J. Koch*. In Vorbereitung. (826)

VI: Von der Renaissance bis Kant von *K. Schilling*. 234 Seiten. 1954. (394/394a)

VII: Immanuel Kant von *G. Lehmann*. In Vorbereitung. (536)

VIII: Die Philosophie des 19. Jahrhunderts von *G. Lehmann*. 1. Teil. 15 Seiten. 1953. (571)

IX: Die Philosophie des 19. Jahrhunderts von *G. Lehmann*. 2. Teil. 168 Seiten. 1953. (709)

X: Die Philosophie im ersten Drittel des 20. Jahrhunderts 1. Teil von *G. Lehmann*. 128 Seiten. 1957. (845)

XI: Die Philosophie im ersten Drittel des 20. Jahrhunderts 2. Teil von *G. Lehmann*. 114 Seiten. 1960. (850)

Die geistige Situation der Zeit (1931) von *K. Jaspers*. 6. Abdruck der im Sommer 1932 bearbeiteten 5. Auflage. 211 Seiten. 1965. (1000)

Erkenntnistheorie von *G. Kropp*.
1. Teil: Allgemeine Grundlegung. 143 Seiten. 1950. (807)

Formale Logik von *P. Lorenzen*. 3., verbesserte Auflage. Etwa 165 Seiten. 1966. (1176/1176a)

Philosophisches Wörterbuch von *M. Apel †*. 5., völlig neu bearbeitete Auflage von *P. Ludz*. 315 Seiten. 1958. (1031/1031a)

Philosophische Anthropologie. Menschliche Selbstdeutung in Geschichte und Gegenwart von *M. Landmann*. 2., durchgesehene Auflage. 223 Seiten. 1964. (156/156a)

Pädagogik, Psychologie, Soziologie

Geschichte der Pädagogik von *Herm. Weimer* 17. Auflage von *Heinz Weimer*. 184 Seiten. 1966. (145/145a)

Therapeutische Psychologie. Ihr Weg durch die Psychoanalyse von *W. M. Kranefeldt*. Mit einer Einführung von *C. G. Jung*. 3. Auflage. 152 Seiten. 1956. (1034)

Allgemeine Psychologie von *Th. Erismann* †. 4 Bände.
I: Grundprobleme. 3. Auflage. 146 Seiten. 1965. (831)
II: Grundarten des psychischen Geschehens. 2., neubearbeitete Auflage. 248 Seiten. 1959. (832/832a)
III: Experimentelle Psychologie und ihre Grundlagen. 1. Teil. 2., neubearbeitete Auflage. 112 Seiten, 7 Abbildungen. 1962. (833)
IV: Experimentelle Psychologie und ihre Grundlagen. 2. Teil. 2., neubearbeitete Auflage. 199 Seiten, 20 Abbildungen. 1962. (834/834a)

Soziologie. Geschichte und Hauptprobleme von *L. von Wiese*. 7. Auflage. 176 Seiten. 1964. (101)

Ideengeschichte der sozialen Bewegung des 19. und 20. Jh. von *W. Hofmann*. 243 Seiten. 1962. (1205/1205a)

Sozialpsychologie von *P R. Hofstätter*. 2. Auflage. 191 Seiten, 18 Abbildungen. 1964. (104/104a)

Psychologie des Berufs- und Wirtschaftslebens von *W. Moede* †. 190 Seiten, 48 Abbildungen. 1958. (851/851a)

Industrie- und Betriebssoziologie von *R. Dahrendorf*. 3. Auflage. 142 Seiten. 3 Figuren. 1965. (103)

Wirtschaftssoziologie von *F. Fürstenberg*. 122 Seiten. 1961. (1193)

Einführung in die Sozialethik von *H.-D. Wendland*. 144 S. 1963. (1203)

Religion

Jesus von *M. Dibelius* †. 3. Auflage, mit einem Nachtrag von *W. G. Kümmel*. 140 Seiten. 1960. (1130)

Paulus von *M. Dibelius* †. Nach dem Tode des Verfassers herausgegeben und zu Ende geführt von *W. G. Kümmel*. 3., durchgesehene Auflage. 156 Seiten. 1964. (1160)

Luther von *F Lau* 2., verbesserte und erweiterte Auflage. Etwa 170 Seiten. 1966. (1187)

Melanchthon von *R. Stupperich*. 139 Seiten. 1960. (1190)

Zwingli von *F. Schmidt-Clausing*. 119 Seiten. 1965. (1219)

Sören Kierkegaard. Leben u. Werk von *H. Gerdes*. 134 Seiten. 1966. (1221)

Einführung in die Konfessionskunde der orthodoxen Kirchen von *K. Onasch*. 291 Seiten. 1962. (1197/1197a)

Geschichte des christlichen Gottesdienstes von *W. Nagel*. 215 Seiten. 1962. (1202/1202a)

Geschichte Israels. Von den Anfängen bis zur Zerstörung des Tempels (70 n.Chr.) von *E. L. Ehrlich*. 2. Aufl. 1966. In Vorbereitung. (231/231a)

Römische Religionsgeschichte von *F. Altheim*. 2 Bände. 2., umgearbeitete Auflage.
I: Grundlagen und Grundbegriffe. 116 Seiten. 1956. (1035)
II: Der geschichtliche Ablauf. 164 Seiten. 1956. (1052)

Die Religion des Buddhismus von *D. Schlingloff*. 2 Bände.
I: Der Heilsweg des Mönchstums. 122 Seiten, 11 Abbildungen, 1 Karte. 1962. (174)
II: Der Heilsweg für die Welt. 129 Seiten, 9 Abbildungen, 1 Karte. 1963. (770)

Musik

Musikästhetik von *H. J. Moser*. 180 Seiten. Mit zahlreichen Notenbeispielen. 1953. (344)
Systematische Modulation von *R. Hernried*. 2. Auflage. 136 Seiten. Mit zahlreichen Notenbeispielen. 1950. (1094)
Der polyphone Satz von *E. Pepping*. 2 Bände.
I: Der cantus-firmus-Satz. 2. Auflage. 233 Seiten. Mit zahlreichen Notenbeispielen. 1950. (1148)
II: Übungen im doppelten Kontrapunkt und im Kanon. 137 Seiten. Mit zahlreichen Notenbeispielen. 1957. (1164/1164a)
Allgemeine Musiklehre von *H. J. Moser*. 2., durchgesehene Auflage. 155 Seiten. Mit zahlreichen Notenbeispielen. 1955. (220/220a)
Harmonielehre von *H. J. Moser*. 2 Bände.
I: 109 Seiten. Mit 120 Notenbeispielen. 1954. (809)
II: In Vorbereitung. (810)
Die Musik des 19. Jahrhunderts von *W. Oehlmann*. 180 Seiten. 1953. (170)
Die Musik des 20. Jahrhunderts von *W. Oehlmann*. 312 Seiten. 1961. (171/171a)
Technik der deutschen Gesangskunst von *H. J. Moser*. 3., durchgesehene und verbesserte Auflage. 144 Seiten, 5 Figuren sowie Tabellen und Notenbeispiele. 1954. (576/576a)
Die Kunst des Dirigierens von *H. W. von Waltershausen †*. 2., vermehrte Auflage. 138 Seiten. Mit 19 Notenbeispielen 1954. (1147)
Die Technik des Klavierspiels aus dem Geiste des musikalischen Kunstwerkes von *K. Schubert †*. 3. Auflage. 110 Seiten. Mit Notenbeispielen. 1954. (1045)

Kunst

Stilkunde von *H. Weigert*. 2 Bände. 3., durchgesehene und ergänzte Auflage.
I: Vorzeit, Antike, Mittelalter. 136 Seiten, 94 Abbildungen. 1958. (80)
II: Spätmittelalter und Neuzeit. 150 Seiten, 88 Abbildungen. 1958. (781)
Archäologie von *A. Rumpf*. 3 Bände.
I: Einleitung, historischer Überblick. 143 Seiten, 6 Abbildungen, 12 Tafeln. 1953. (538)
II: Die Archäologensprache. Die antiken Reproduktionen. 136 Seiten. 7 Abbildungen, 12 Tafeln. 1956. (539)
III: In Vorbereitung. (540)

Geschichte

Einführung in die Geschichtswissenschaft von *P. Kirn*. 4., durchgesehene Auflage. 127 Seiten. 1963. (270)
Einführung in die Zeitgeschichte von *B. Scheurig*. 101 Seiten. 1962. (1204)

GEISTESWISSENSCHAFTEN

Zeitrechnung der römischen Kaiserzeit, des Mittelalters und der Neuzeit für die Jahre 1—2000 n. Chr. von *H. Lietzmann †*. 3. Auflage, durchgesehen von *K. Aland*. 130 Seiten. 1956. (1085)

Kultur der Urzeit von *F. Behn*. 3 Bände. 4. Auflage der Kultur der Urzeit Bd. 1—3 von *M. Hoernes*.

- I: Die vormetallischen Kulturen. (Die Steinzeiten Europas. Gleichartige Kulturen in anderen Erdteilen.) 172 Seiten, 48 Abbildungen. 1950. (564)
- II: Die älteren Metallkulturen. (Der Beginn der Metallbenutzung, Kupfer- und Bronzezeit in Europa, im Orient und in Amerika.) 160 Seiten, 67 Abbildungen. 1950. (565)
- III: Die jüngeren Metallkulturen. (Das Eisen als Kulturmetall, Hallstatt-Latène-Kultur in Europa. Das erste Auftreten des Eisens in den anderen Weltteilen.) 149 Seiten, 60 Abbildungen. 1950. (566)

Vorgeschichte Europas von *F. Behn*. Völlig neue Bearbeitung der 7. Auflage der „Urgeschichte der Menschheit" von *M. Hoernes*. 125 Seiten, 47 Abbildungen. 1949. (42)

Der Eintritt der Germanen in die Geschichte von *J. Haller †*. 3. Auflage, durchgesehen von *H. Dannenbauer*. 120 Seiten, 6 Kartenskizzen. 1957. (1117)

Von den Karolingern zu den Staufern. Die altdeutsche Kaiserzeit (900—1250) von *J. Haller †*. 4., durchgesehene Auflage von *H. Dannenbauer*. 142 Seiten, 4 Karten. 1958. (1065)

Von den Staufern zu den Habsburgern. Auflösung des Reichs und Emporkommen der Landesstaaten (1250 —1519) von *J. Haller †*. 2., durchgesehene Auflage von *H. Dannenbauer*. 118 Seiten, 6 Kartenskizzen. 1960. (1077)

Deutsche Geschichte im Zeitalter der Reformation, der Gegenreformation und des dreißigjährigen Krieges von *F. Hartung*. 2., durchgesehene Auflage. 128 Seiten. 1963 (1105)

Deutsche Geschichte von 1648—1740. Politischer und geistiger Wiederaufbau von *W. Treue*. 120 Seiten. 1956. (35)

Deutsche Geschichte von 1713—1806. Von der Schaffung des europäischen Gleichgewichts bis zu Napoleons Herrschaft von *W. Treue*. 168 Seiten. 1957. (39)

Deutsche Geschichte von 1806—1890. Vom Ende des alten bis zur Höhe des neuen Reiches von *W. Treue*. 128 Seiten. 1961. (893)

Deutsche Geschichte von 1890 bis zur Gegenwart von *W. Treue*. In Vorbereitung. (894)

Quellenkunde der Deutschen Geschichte im Mittelalter (bis zur Mitte des 15. Jahrhunderts) von *K. Jacob †*. 3 Bände.

- I: Einleitung. Allgemeiner Teil. Die Zeit der Karolinger. 6. Auflage, bearbeitet von *H. Hohenleutner*. 127 Seiten. 1959. (279)
- II: Die Kaiserzeit (911—1250). 5. Auflage, neubearbeitet von *H. Hohenleutner*. 141 Seiten. 1961. (280)
- III: Das Spätmittelalter (vom Interregnum bis 1500). Herausgegeben von *F. Weden*. 152 Seiten. 1952. (284)

Geschichte Englands von *H. Preller*. 2 Bände.
I: bis 1815. 3., stark umgearbeitete Auflage. 135 Seiten, 7 Stammtafeln, 2 Karten. 1952. (375)
II: Von 1815 bis 1910. 2., völlig umgearbeitete Auflage. 118 Seiten, 1 Stammtafel, 7 Karten. 1954. (1088)

Römische Geschichte von *F. Altheim*. 4 Bände. 2., verbesserte Auflage.
I: Bis zur Schlacht bei Pydna (168 v. Chr.). 124 Seiten. 1956. (19)
II: Bis zur Schlacht bei Actium (31 v. Chr.). 129 Seiten, 1956. (677)
III: Bis zur Schlacht an der Milvischen Brücke (312 n. Chr.). 148 Seiten. 1958. (679)
IV: Bis zur Schlacht am Yarmuk (636 n. Chr.). In Vorbereitung. (684)

Geschichte der Vereinigten Staaten von Amerika von *O. Graf zu Stolberg-Wernigerode*. 192 Seiten, 10 Karten. 1956. (1051/1051 a)

Deutsche Sprache und Literatur

Geschichte der Deutschen Sprache von *H. Sperber*. 5., neubearbeitete Auflage von *P. von Polenz*. 136 Seiten. 1966. (915)

Deutsches Rechtschreibungswörterbuch von *M. Gottschald †*. 2., verbesserte Auflage. 219 Seiten. 1953. (200/200a)

Deutsche Wortkunde. Kulturgeschichte des deutschen Wortschatzes von *A. Schirmer*. 5. Auflage von *W. Mitzka*. 125 Seiten. 1965. (929)

Deutsche Sprachlehre von *W. Hofstaetter*. 10. Auflage. Völlige Umarbeitung der 8. Auflage. 150 Seiten. 1960. (20)

Stimmkunde für Beruf, Kunst und Heilzwecke von *H. Biehle*. 111 Seiten. 1955. (60)

Redetechnik. Einführung in die Rhetorik von *H. Biehle*. 2., erweiterte Auflage. 151 Seiten. 1961. (61)

Sprechen und Sprachpflege (Die Kunst des Sprechens) von *H. Feist*. 3. Aufl. Etwa 99 Seiten, 25 Abbildungen. 1966 In Vorbereitung (1122)

Deutsches Dichten und Denken von der germanischen bis zur staufischen Zeit von *H. Naumann †*. (Deutsche Literaturgeschichte vom 5.—13. Jahrhundert.) 3., verbesserte Auflage. 1966 (1121)

Deutsches Dichten und Denken vom Mittelalter zur Neuzeit von *G. Müller* (1270 bis 1700). 3., durchgesehene Auflage. 159 Seiten. In Vorbereitung. (1086)

Deutsches Dichten und Denken von der Aufklärung bis zum Realismus (Deutsche Literaturgeschichte von 1700—1890) von *K. Viëtor †*. 3., durchgesehene Auflage. 159 Seiten. 1958. (1096)

Deutsche Heldensage von *H. Schneider*. 2. Auflage, bearbeitet von *R. Wisniewski*. 148 Seiten. 1964. (32)

Der Nibelunge Nôt in Auswahl mit kurzem Wörterbuch von *K. Langosch*. 11., durchgesehene Auflage. 166 Seiten. 1966. (1)

Kudrun und Dietrich-Epen in Auswahl mit Wörterbuch von *O. L. Jiriczek*. 6. Auflage, bearbeitet von *R. Wisniewski*. 173 Seiten. 1957. (10)

Wolfram von Eschenbach. Parzifal. Eine Auswahl mit Anmerkungen und Wörterbuch von *H. Jantzen*. 3. Auflage, bearbeitet von *H. Kolb*. 128 Seiten. 1966. (921)

Hartmann von Aue. Der arme Heinrich nebst einer Auswahl aus der „Klage" dem „Gregorius" und den Liedern (mit einem Wörterverzeichnis) herausgegeben von *F. Maurer*. 96 Seiten. 1958. (18)
Gottfried von Straßburg. Tristan und Isolde in Auswahl herausgegeben von *F. Maurer*. 2. Auflage. 142 Seiten. 1965. (22)
Die deutschen Personennamen von *M. Gottschald †*. 2., verbesserte Auflage. 151 Seiten. 1955. (422)
Althochdeutsches Elementarbuch. Grammatik und Texte von *H. Naumann †* und *W. Betz*. 4., verbesserte und vermehrte Auflage. 183 Seiten. 1966. In Vorbereitung. (1111/1111a)
Mittelhochdeutsche Grammatik von *H. de Boor* und *R. Wisniewski*. 4., verbesserte und ergänzte Auflage. 150 Seiten. 1965. (1108)

Indogermanisch, Germanisch

Indogermanische Sprachwissenschaft von *H. Krahe*. 2 Bände. 4., überarbeitete Auflage.
I: Einleitung und Lautlehre. 110 Seiten. 1962. (59)
II: Formenlehre. 100 Seiten. 1963. (64)
Sanskrit-Grammatik mit sprachvergleichenden Erläuterungen von *M. Mayrhofer*. 2., völlig neu bearbeitete Auflage. 110 Seiten. 1965. (1158/1158a)
Gotisches Elementarbuch. Grammatik. Texte mit Übersetzung und Erläuterungen von *H. Hempel*. 4., neubearbeitete Auflage. 166 Seiten. 1966. (79/79a)
Altnordisches Elementarbuch. Einführung, Grammatik, Texte (zum Teil mit Übersetzung) und Wörterbuch von *F. Ranke*. 3., völlig umgearb. Auflage von *D. Hofmann*. Etwa 180 Seiten. 1966. Im Druck. (1115/1115a)
Germanische Sprachwissenschaft von *H. Krahe*. 3 Bände.
I: Einleitung und Lautlehre. 5., überarbeitete Auflage. 147 Seiten. 1963. (238)
II: Formenlehre. 5., verbesserte Auflage. 149 Seiten. 1965. (780)
III: Wortbildungslehre von *W. Meid*. Etwa 240 Seiten. 1966. (1218/1218a/1218b)

Englisch, Romanisch

Altenglisches Elementarbuch. Einführung, Grammatik, Texte mit Übersetzung und Wörterbuch von *M. Lehnert*. 6., verbesserte Auflage. 178 Seiten. 1965. (1125)
Historische neuenglische Laut- und Formenlehre von *E. Ekwall*. 4., verbesserte Auflage. 150 Seiten. 1965. (735)
Englische Phonetik von *H. Mutschmann †*. 2. Auflage, bearbeitet von *G. Scherer*. 127 Seiten. 1963. (601)
Englische Literaturgeschichte von *F. Schubel*. 4 Bände.
I: Die alt- und mittelenglische Periode. 163 Seiten. 1954. (1114)
II: Von der Renaissance bis zur Aufklärung. 160 Seiten. 1956. (1116)
III: Romantik und Viktorianismus. 160 Seiten. 1960. (1124)

Beowulf von *M. Lehnert*. Eine Auswahl mit Einführung, teilweiser Übersetzung, Anmerkungen und etymologischem Wörterbuch. 3., verbesserte Auflage. 135 Seiten. 1959. (1135)

Shakespeare von *P. Meißner †*. 2. Auflage, neubearbeitet von *M. Lehnert*. 136 Seiten. 1954. (1142)

Romanische Sprachwissenschaft von *H. Lausberg*. 4 Bände.
I: Einleitung und Vokalismus. 2., durchgesehene Auflage. 211 Seiten. 1963. (128/128a)
II: Konsonantismus. 2. Auflage. In Vorbereitung. (250)
III: Formenlehre. 1. Teil. 99 Seiten. 1962. (1199)
III: Formenlehre. 2. Teil. S. 99—260. 1962. (1200/1200a)
IV: Wortlehre. In Vorbereitung. (1208)

Griechisch, Lateinisch

Griechische Sprachwissenschaft von *W. Brandenstein*. 3 Bände.
I: Einleitung, Lautsystem, Etymologie. 160 Seiten. 1954. (117)
II: Wortbildung und Formenlehre. 192 Seiten. 1959. (118/118a)
III: Syntax I. Einleitung. Die Flexibilien. 145 Seiten. 1966. (924/924a)

Geschichte der griechischen Sprache. 2 Bände
I: Bis zum Ausgang der klassischen Zeit von *O. Hoffmann †*. 3. Auflage, bearbeitet von *A. Debrunner †*. 156 Seiten. 1953. (111)
II: Grundfragen und Grundzüge des nachklassischen Griechisch von *A. Debrunner †*. 144 Seiten. 1954. (114)

Geschichte der griechischen Literatur von *W. Nestle*. 2 Bände. 3. Auflage, bearbeitet von *W. Liebich*.
I: 144 Seiten. 1961. (70)
II: 149 Seiten. 1963. (557)

Grammatik der neugriechischen Volkssprache von *J. Kalitsunakis*. 3., wesentlich erweiterte und verbesserte Auflage. 196 Seiten. 1963. (756/756a)

Neugriechisch-deutsches Gesprächsbuch von *J. Kalitsunakis*. 2. Auflage, bearbeitet von *A. Steinmetz*. 99 Seiten. 1960. (587)

Geschichte der lateinischen Sprache von *F. Stolz* und *A. Debrunner †*. 4. Auflage, bearbeitet von *W. P. Schmid*. 1966. In Vorbereitung. (492/492a/708b)

Geschichte der römischen Literatur von *L. Bieler*. 2., verbesserte Auflage. 2 Bände.
I: Die Literatur der Republik. 160 Seiten. 1965. (52)
II: Die Literatur der Kaiserzeit. 133 Seiten. 1965. (866)

Orientalistik, Slavische Sprachen

Die Keilschrift von *B. Meissner*. 3. Auflage, neubearbeitet von *K. Oberhuber*. Etwa 150 Seiten. 1966. (708/708a/708b)

Die Hieroglyphen von *A. Erman*. 3. Auflage, neu bearbeitet von *O. Krückmann*. 1966. In Vorbereitung. (608/608a/608b)

Hebräische Grammatik von *R. Meyer*. 3 Bände.
I: Einleitung, Schrift- und Lautlehre. 3., neubearbeitete Auflage. 120 Seiten. 1966. (763/763a/763b)
II: Formenlehre und Flexionstabellen. 3. Auflage. In Vorbereitung. (764/764a/764b)
III: Satzlehre. In Vorbereitung (765/765a/765b)
Hebräisches Textbuch zu *G. Beer-R. Meyer*, Hebräische Grammatik von *R. Meyer*. 170 Seiten. 1960. (769/769a)
Slavische Sprachwissenschaft von *H. Bräuer*. 2 Bände.
I: Einleitung, Lautlehre. 221 Seiten. 1961. (1191/1191a)
Vergleichende Geschichte der slavischen Literaturen von *D. Tschižewskij*. 2 Bände. 1966. In Vorbereitung.
I: Einführung. Anfänge des slavischen Schrifttums bis zum Klassizismus. (1222)
II: Romantik bis zur Moderne. (1223)
Russische Grammatik von *E. Berneker †*. 6., verbesserte Auflage von *M. Vasmer †*. 155 Seiten. 1961. (66)
Polnische Grammatik von *N. Damerau*. Etwa 140 Seiten. 1966. (942/942a)

Erd- und Länderkunde, Kartographie

Afrika von *F. Jaeger*. Ein geographischer Überblick. 2 Bände. 3. Auflage.
I: Der Lebensraum. 179 Seiten, 18 Abbildungen. In Vorbereitung. (910)
II: Mensch und Kultur. 155 Seiten, 6 Abbildungen. In Vorbereitung. (911)
Australien und Ozeanien von *H. J. Krug*. 176 Seiten, 46 Skizzen. 1953. (319)
Kartographie von *V. Heissler*. 2. Auflage. 213 Seiten, 125 Abb., 8 Anlagen. 1966. (30/30a)

Volkswirtschaft, Statistik, Publizistik

Allgemeine Betriebswirtschaftslehre von *K. Mellerowicz*. 4 Bände. 11. und 12., durchgesehene Auflage.
I: 224 Seiten. 1964. (1008/1008a)
II: 188 Seiten. 1966. (1153/1153a)
III: 260 Seiten. 1963. (1154/1154a)
IV: 209 Seiten. 1963. (1186/1186a)
Allgemeine Volkswirtschaftslehre von *A. Paulsen*. 4 Bände.
I: Grundlegung, Wirtschaftskreislauf. 7. Auflage. 159 Seiten. 11 Abbildungen. 1966. (1169)
II: Haushalte, Unternehmungen, Marktformen. 7. Auflage. 172 Seiten. 31 Abbildungen. 1966. (1170)
III: Produktionsfaktoren. 4. Auflage. 198 Seiten, 24 Abbildungen. 1965. (1171)
IV: Gesamtbeschäftigung, Konjunkturen, Wachstum. 4., neubearbeitete und ergänzte Auflage. 188 Seiten. 1966. (1172)

Geschichte der Volkswirtschaftslehre von *S. Wendt.* 182 S. 1961. (1194)

Allgemeine Volkswirtschaftspolitik von *H. Ohm.* 2 Bände.

I: Systematisch-Theoretische Grundlegung. 2., verbesserte und ergänzte Auflage. 137 Seiten, 6 Abbildungen. 1965. (1195)

II: Der volkswirtschaftliche Gesamtorganismus als Objekt der Wirtschaftspolitik. In Vorbereitung. (1196)

Finanzwissenschaft von *H. Kolms.* 4 Bände.

I: Grundlegung, Öffentliche Ausgaben. 3., verbesserte Auflage. 159 Seiten. 1966. (148)

II: Erwerbseinkünfte, Gebühren und Beiträge, Allgemeine Steuerlehre. 3., verbesserte Auflage. 148 Seiten. 1966. In Vorbereitung (391)

III: Besondere Steuerlehre. 178 Seiten. 1962. (776)

IV: Öffentlicher Kredit. Öffentlicher Haushalt. Finanzausgleich. 191 Seiten. 1964. (782/782a)

Finanzmathematik von *M. Nicolas.* 192 Seiten, 11 Tafeln, 8 Tabellen und 72 Beispiele. 1959. (1183/1183a)

Buchhaltung und Bilanz von *E. Kosiol.* 170 Seiten. 1964. (1213/1213a)

Industrie- und Betriebssoziologie von *R. Dahrendorf.* 3. Auflage. 142 Seiten, 3 Figuren. 1965. (103)

Wirtschaftssoziologie von *F. Fürstenberg.* 122 Seiten. 1961. (1193)

Psychologie des Berufs- und Wirtschaftslebens von *W. Moede†.* 190 Seiten, 48 Abbildungen. 1958. (851/851a)

Einführung in die Arbeitswissenschaft von *H. H. Hilf.* 169 Seiten, 57 Abbildungen. 1964. (1212/1212a)

Allgemeine Methodenlehre der Statistik von *J. Pfanzagl.* 2 Bände.

I: Elementare Methoden unter besonderer Berücksichtigung der Anwendungen in den Wirtschafts- und Sozialwissenschaften. 3., neubearbeitete Auflage. 266 Seiten, 50 Abbildungen. 1966. (746/746a)

II: Höhere Methoden unter besonderer Berücksichtigung der Anwendungen in Naturwissenschaften, Medizin und Technik. 2., verbesserte Auflage. 315 Seiten, 41 Abbildungen. 1966. (747/747a)

Zeitungslehre von *E. Dovifat.* 2 Bände. 4., neubearbeitete Auflage.

I: Theoretische und rechtliche Grundlagen — Nachricht und Meinung — Sprache und Form. 149 Seiten. 1962. (1039)

II: Redaktion — Die Sparten: Verlag und Vertrieb, Wirtschaft und Technik — Sicherung der öffentlichen Aufgabe. 168 Seiten. 1962. (1040)

Naturwissenschaften

Mathematik

Geschichte der Mathematik von *J. E. Hofmann*. 4 Bände.

I: Von den Anfängen bis zum Auftreten von Fermat und Descartes. 2., verbesserte und vermehrte Auflage. 251 Seiten. 1963. (226/226a)

II: Von Fermat und Descartes bis zur Erfindung des Calculus und bis zum Ausbau der neuen Methoden. 109 Seiten. 1957. (875)

III: Von den Auseinandersetzungen um den Calculus bis zur französischen Revolution. 107 Seiten. 1957. (882)

IV: Geschichte der Mathematik der neuesten Zeit von *N. Stuloff*. In Vorbereitung. (883)

Mathematische Formelsammlung von *F. O. Ringleb*. 8., erweiterte Auflage. Etwa 320 Seiten. 40 Figuren. 1966. (51/51 a)

Vierstellige Tafeln und Gegentafeln für logarithmisches und trigonometrisches Rechnen in zwei Farben zusammengestellt von *H. Schubert* und *R. Haussner*. 3., neubearbeitete Auflage von *J. Erlebach*. 158 Seiten. 1960. (81)

Fünfstellige Logarithmen mit mehreren graphischen Rechentafeln und häufig vorkommenden Zahlenwerten von *A. Adler*. 4. Auflage, überarbeitet von *J. Erlebach*. 127 Seiten, 1 Tafel. 1962. (423)

Arithmetik von *P. B. Fischer†*. 3. Auflage von *H. Rohrbach*. 152 Seiten, 19 Abbildungen. 1958. (47)

Höhere Algebra von *H. Hasse*. 2 Bände.

I: Lineare Gleichungen. 5., neubearbeitete Auflage. 150 Seiten. 1963. (931)

II: Gleichungen höheren Grades. 4., durchgesehene Auflage. 158 Seiten, 5 Figuren. 1958. (932)

Aufgabensammlung zur höheren Algebra von *H. Hasse* und *W. Klobe*. 3., verbesserte Auflage. 183 Seiten. 1961. (1082)

Elementare und klassische Algebra vom modernen Standpunkt von *W. Krull*. 2 Bände.

I: 3., erweiterte Auflage. 148 Seiten. 1963. (930)

II: 132 Seiten. 1959. (933)

Lineare Programmierung von *H. Langen*. Etwa 200 Seiten. (1206/1206 a)

Algebraische Kurven und Flächen von *W. Burau*. 2 Bände.

I: Algebraische Kurven der Ebene. 153 Seiten, 28 Abbildungen. 1962. (435)

II: Algebraische Flächen 3. Grades und Raumkurven 3. und 4. Grades. 162 Seiten, 17 Abbildungen. 1962. (436/436a)

Einführung in die Zahlentheorie von *A. Scholz†*. Überarbeitet und herausgegeben von *B. Schoeneberg*. 4. Auflage. Etwa 128 Seiten. 1966. (1131)

Formale Logik von *P. Lorenzen*. 2., verbesserte Auflage. Etwa 165 Seiten. 1962. (1176/1176a)

Topologie von *W. Franz.* 2 Bände.
I: Allgemeine Topologie. 2., verbesserte Auflage. 144 Seiten, 9 Figuren. 1965. (1181)
II: Algebraische Topologie. 153 Seiten. 1965. (1182/1182a)

Elemente der Funktionentheorie von *K. Knopp†.* 7. Auflage. 144 Seiten, 23 Figuren. 1966. (1109)

Funktionentheorie von *K. Knopp†.* 2 Bände. 11. Auflage.
I: Grundlagen der allgemeinen Theorie der analytischen Funktionen. 144 Seiten, 8 Figuren. 1965. (668)
II: Anwendungen und Weiterführung der allgemeinen Theorie. 130 Seiten, 7 Figuren. 1965. (703)

Aufgabensammlung zur Funktionentheorie von *K. Knopp†.* 2 Bände.
I: Aufgaben zur elementaren Funktionentheorie. 7. Auflage. 135 Seiten. 1965. (877)
II: Aufgaben zur höheren Funktionentheorie. 6. Auflage 151 Seiten. 1964. (878)

Differential- und Integralrechnung von *M. Barner.* (Früher *Witting*). 4 Bände.
I: Grenzwertbegriff, Differentialrechnung. 2., durchgesehene Auflage. 176 Seiten, 39 Figuren. 1963. (86)

Gewöhnliche Differentialgleichungen von *G. Hoheisel.* 7., neubearbeitete und erweiterte Auflage. 142 Seiten. 1965. (920/920a)

Partielle Differentialgleichungen von *G. Hoheisel.* 4., durchgesehene Auflage. 128 Seiten. 1960. (1003)

Aufgabensammlung zu den gewöhnlichen und partiellen Differentialgleichungen von *G. Hoheisel.* 4., neubearbeitete Auflage. 153 Seiten. 1964. (1059/1059a)

Integralgleichungen von *G. Hoheisel.* 2., neubearbeitete und erweiterte Auflage. 112 Seiten. 1963. (1099)

Mengenlehre von *E. Kamke.* 5. Auflage. 194 Seiten, 6 Figuren. 1965. (999/999a)

Gruppentheorie von *L. Baumgartner.* 4., erweiterte Auflage. 190 Seiten, 3 Tafeln. 1964. (837/837a)

Ebene und sphärische Trigonometrie von *G. Hessenberg†.* 5. Auflage, durchgesehen von *H. Kneser.* 172 Seiten, 60 Figuren. 1957. (99)

Darstellende Geometrie von *W. Haack.* 3 Bände.
I: Die wichtigsten Darstellungsmethoden. Grund- und Aufriß ebenflächiger Körper. 5. Auflage. 113 Seiten 120 Abbildungen. 1965. (142)
II: Körper mit krummen Begrenzungsflächen. Kotierte Projektionen. 4., durchgesehene Auflage. 129 Seiten, 86 Abbildungen. 1965. (143)
III: Axonometrie und Perspektive. 3. Auflage. 129 Seiten, 100 Abbildungen. 1965. (144)

Analytische Geometrie von *K. P. Grotemeyer.* 3., neubearbeitete Auflage. 218 Seiten, 73 Abbildungen. 1964. (65/65a)

Nichteuklidische Geometrie. Hyperbolische Geometrie der Ebene von *R. Baldus†.* 4. Auflage, bearbeitet und ergänzt von *F. Löbell.* 158 Seiten, 75 Figuren. 1964. (970/970a)

Differentialgeometrie von *K. Strubecker*. 3 Bände.
I: Kurventheorie der Ebene und des Raumes. 2., erweiterte Auflage. 253 Seiten, 45 Figuren. 1964. (1113/1113a)
II: Theorie der Flächenmetrik. 195 Seiten, 14 Figuren. 1958. (1179/1179a)
III: Theorie der Flächenkrümmung. 254 Seiten, 38 Figuren. 1959. (1180/1180a)

Variationsrechnung von *L. Koschmieder*. 2 Bände. 2., neubearbeitete Auflage.
I: Das freie und gebundene Extrem einfacher Grundintegrale. 128 Seiten, 23 Figuren. 1962. (1074)
II: Anwendung klassischer Verfahren auf allgemeine Fragen des Extrems. — Neuere unmittelbare Verfahren. In Vorbereitung. (1075)

Einführung in die konforme Abbildung von *L. Bieberbach*. 6. Auflage. Etwa 180 Seiten, 42 Figuren. 1966. In Vorbereitung. (768/768a)

Vektoren und Matrizen von *S. Valentiner*. 3. Auflage. (10., erweiterte Auflage der „Vektoranalysis"). Mit Anhang: Aufgaben zur Vektorrechnung von *H. König*. 206 Seiten, 35 Figuren. 1963. (354/354a)

Wahrscheinlichkeitstheorie und Grundzüge der Maßtheorie von *H. Bauer*. 2 Bände.
I: 154 Seiten. 1964. (1216/1216a)
II: In Vorbereitung. (1217)

Versicherungsmathematik von *F. Böhm*. 2 Bände.
I: Elemente der Versicherungsrechnung. 3., vermehrte und verbesserte Auflage. Durchgesehener Neudruck. 151 Seiten. 1953. (180)
II: Lebensversicherungsmathematik. Einführung in die technischen Grundlagen der Sozialversicherung. 2., verbesserte und vermehrte Auflage. 205 Seiten. 1953. (917/917a)

Finanzmathematik von *M. Nicolas*. 192 Seiten, 11 Tafeln, 8 Tabellen und 72 Beispiele. 1959. (1183/1183a)

Kinematik von *H. R. Müller*. 171 Seiten, 75 Figuren. 1963. (584/584a)

Physik

Einführung in die theoretische Physik von *W. Döring*. 5 Bände.
I: Mechanik. 3., verbesserte Aufl. 125 Seiten, 23 Abb. 1965. (76)
II: Das elektromagnetische Feld. 2., verbesserte Auflage. 132 Seiten, 15 Abbildungen. 1962. (77)
III: Optik. 2., verbesserte Auflage. 117 Seiten, 32 Abbildungen. 1963. (78)
IV: Thermodynamik. 2., verbesserte Auflage. 107 Seiten, 9 Abbildungen. 1964. (374)
V: Statistische Mechanik. 2., verbesserte Auflage. 114 Seiten, 12 Abbildungen. 1966. (1017)

Mechanik deformierbarer Körper von *M. Päsler*. 199 Seiten, 48 Abbildungen. 1960. (1189/1189a)

Atomphysik von *K. Bechert, Ch. Gerthsen†* und *A. Flammersfeld.* 7 Bände. 4., durchgesehene Auflage.
I: Allgemeine Grundlagen. 1. Teil von *A. Flammersfeld.* 124 Seiten, 35 Abbildungen. 1959. (1009)
II: Allgemeine Grundlagen. 2. Teil von *A. Flammersfeld.* 112 Seiten, 47 Abbildungen. 1963. (1033)
III: Theorie des Atombaus. 1. Teil von *K. Bechert.* 148 Seiten, 16 Abbildungen. 1963. (1123/1123a)
IV: Theorie des Atombaus. 2. Teil von *K. Bechert.* 170 Seiten, 14 Abbildungen. 1963. (1165/1165a)
Differentialgleichungen der Physik von *F. Sauter.* 4., durchgesehene und ergänzte Auflage. 148 Seiten, 16 Figuren. 1966. (1070)
Physikalische Formelsammlung von *G. Mahler. †.* Fortgeführt von *K. Mahler.* Neubearbeitet von *H. Graewe.* 11. Auflage. 167 Seiten, 69 Figuren. 1963. (136)
Physikalische Aufgabensammlung mit Ergebnissen von *G. Mahler †.* Fortgeführt von *K. Mahler.* Neubearbeitet von *H. Graewe.* 12. Auflage. 141 Seiten. 1964. (243)

Chemie

Geschichte der Chemie in kurzgefaßter Darstellung von *G. Lockemann.* 2 Bände. 2. Auflage.
I: Vom Altertum bis zur Entdeckung des Sauerstoffs. 142 Seiten, 8 Bildnisse. In Vorbereitung. (264)
II: Von der Entdeckung des Sauerstoffs bis zur Gegenwart. 151 Seiten, 16 Bildnisse. In Vorbereitung (265/265a)
Anorganische Chemie von *W. Klemm.* 13. Auflage. 255 Seiten, 34 Abbildungen. 1964. (37/37a)
Organische Chemie von *W. Schlenk jun.* 10., erweiterte Auflage. 273 Seiten, 16 Abbildungen. 1965. (38/38a)
Physikalische Methoden in der Organischen Chemie von *G. Kresze.* 2 Bände.
I: 119 Seiten, 65 Abbildungen. 1962. (44)
II: 164 Seiten. 1962. (45/45a)
Allgemeine und physikalische Chemie von *W. Schulze.* 2 Bände.
I: 6., verbesserte Auflage. 139 Seiten, 10 Figuren. 1964. (71)
II: 6., verbesserte Auflage. 178 Seiten, 37 Figuren. 1966. (698/698a)
Molekülbau. Theoretische Grundlagen und Methoden der Strukturermittlung von *W. Schulze.* 123 Seiten, 43 Figuren. 1958. (786)
Einfache Versuche zur allgemeinen und physikalischen Chemie von *E. Dehn.* 371 Versuche mit 40 Abbildungen. 272 Seiten. 1962. (1201/1201a)
Physikalisch-chemische Rechenaufgaben von *E. Asmus.* 3., verbesserte Auflage. 96 Seiten. 1958. (445)
Maßanalyse. Theorie und Praxis der klassischen und der elektrochemischen Titrierverfahren von *G. Jander* und *K. F. Jahr.* 10., erweiterte Auflage, mitbearbeitet von *H. Knoll.* 358 Seiten, 56 Figuren. 1963. (221/221a)

Qualitative Analyse von *H. Hofmann* u. *G. Jander*. 2., durchgesehene und verbesserte Auflage. 308 Seiten, 5 Abbildungen. 1963. (247/247a)

Stöchiometrische Aufgabensammlung von *W. Bahrdt†* und *R. Scheer*. Mit den Ergebnissen. 8., durchgesehene Auflage. 119 Seiten. 1964. (452)

Elektrochemie von *K. Vetter*. 2 Bände.
I: In Vorbereitung. (252)
II: In Vorbereitung. (253)

Kristallchemie von *J. Zemann*. Etwa 160 Seiten, 90 Abbildungen. 1966. In Vorbereitung. (1220/1220a)

Technologie

Die Chemie der Kunststoffe von *K. Hamann*, unter Mitarbeit von *W. Funke* und *H. D. Hermann*. 2. Aufl. 143 Seiten. 1966. In Vorbereitung. (1173/1173a)

Warenkunde von *K. Hassak* und *E. Beutel†*. 2 Bände.
I: Anorganische Waren sowie Kohle und Erdöl. 8. Auflage. Neubearbeitet von *A. Kutzelnigg*. 119 Seiten, 18 Figuren. 1958. (222)
II: Organische Waren. 8. Auflage. Vollständig neu bearbeitet von *A. Kutzelnigg*. 157 Seiten, 32 Figuren. 1959. (223)

Die Fette und Öle von *Th. Klug*. 6., verbesserte Auflage. 143 Seiten. 1961. (335)

Die Seifenfabrikation von *K. Braun†*. 3., neubearbeitete und verbesserte Auflage von *Th. Klug*. 116 Seiten, 18 Abbildungen. 1953. (336)

Thermische Verfahrenstechnik von *H. Bock*. 3 Bände.
I: Eigenschaften und Verhalten der realen Stoffe. 164 Seiten, 28 Abbildungen. 1963. (1209/1209a)
II: Funktion und Berechnung der elementaren Geräte. 195 Seiten, 54 Abbildungen. 1964. (1210/1210a)
III: Fließbilder, ihre Funktion und ihr Zusammenbau aus Geräten. 224 Seiten, 67 Abbildungen. 1965. (1211/1211a)

Textilindustrie von *A. Blümcke*.
I: Spinnerei und Zwirnerei. 111 Seiten, 43 Abbildungen. 1954. (184)

Biologie

Einführung in die allgemeine Biologie und ihre philosophischen Grund- und Grenzfragen von *M. Hartmann*. 2., unveränderte Auflage. 132 Seiten, 2 Abbildungen. 1965. (96)

Hormone von *G. Koller*. 2., neubearbeitete und erweiterte Auflage. 187 Seiten, 60 Abbildungen, 19 Tabellen. 1949. (1141)

Fortpflanzung im Tier- und Pflanzenreich von *J. Hämmerling*. 2., ergänzte Auflage. 135 Seiten, 101 Abbildungen. 1951. (1138)

Geschlecht und Geschlechtsbestimmung im Tier- und Pflanzenreich von *M. Hartmann*. 2., verbesserte Auflage. 116 Seiten, 61 Abbildungen, 7 Tabellen. 1951. (1127)

Symbiose der Tiere mit pflanzlichen Mikroorganismen von *P. Buchner*. 2. verbesserte und vermehrte Auflage. 130 Seiten, 121 Abbildungen. 1949. (1128)

Grundriß der allgemeinen Mikrobiologie von *W.* u. *A. Schwartz*. 2 Bände. 2., verbesserte und ergänzte Auflage.
I: 147 Seiten, 25 Abbildungen. 1960. (1155)
II: 142 Seiten, 29 Abbildungen. 1961. (1157)

Botanik

Entwicklungsgeschichte des Pflanzenreiches von *H. Heil*. 2. Auflage. 138 Seiten, 94 Abbildungen, 1 Tabelle. 1950. (1137)

Morphologie der Pflanzen von *L. Geitler*. 3., umgearbeitete Auflage. 126 Seiten, 114 Abbildungen. 1953. (141)

Pflanzengeographie von *L. Diels†*. 5., völlig neu bearbeitete Auflage von *F. Mattick*. 195 Seiten, 2 Karten. 1958. (389/389a)

Die Laubhölzer. Kurzgefaßte Beschreibung der in Mitteleuropa gedeihenden Laubbäume und Sträucher von *F. W. Neger†* und *E. Münch†*. 3., durchgesehene Auflage, herausgegeben von *B. Huber*. 143 Seiten, 63 Figuren, 7 Tabellen. 1950. (718)

Die Nadelhölzer (Koniferen) und übrigen Gymnospermen von *F. W. Neger†* und *E. Münch†*. 4. Auflage, durchgesehen und ergänzt von *B. Huber*. 140 Seiten, 75 Figuren, 4 Tabellen, 3 Karten. 1952. (355)

Pflanzenzüchtung von *H. Kuckuck*. 2 Bände.
I: Grundzüge der Pflanzenzüchtung. 3., völlig umgearbeitete und erweiterte Auflage. 132 Seiten, 22 Abbildungen. 1952. (1134)
II: Spezielle gartenbauliche Pflanzenzüchtung (Züchtung von Gemüse, Obst und Blumen). 178 Seiten, 27 Abbildungen. 1957. (1178/1178a)

Zoologie

Entwicklungsphysiologie der Tiere von *F. Seidel*. 2 Bände.
I: Ei und Furchung. 2. Auflage. Etwa 160 Seiten, 61 Abbildungen. 1966. (1162)
II: Körpergrundgestalt und Organbildung. 2. Auflage. In Vorbereitung (1163)

Vergleichende Physiologie der Tiere von *K. Herter*. 2 Bände. 4. Auflage der „Tierphysiologie".
I: Stoff- und Energiewechsel. Neu bearbeitet von *K. Urich*. 158 Seiten, 61 Abbildungen. 1966. (972/972a)
II: Bewegung und Reizerscheinungen. Neu bearbeitet von *G. Birukow*. In Vorbereitung. (973)

Das Tierreich
I: Einzeller, Protozoen von *E. Reichenow*. 115 Seiten. 59 Abbildungen. 1956. (444)
II: Schwämme und Hohltiere von *H. J. Hannemann*. 95 Seiten, 80 Abbildungen. 1956. (442)

III: Würmer. Platt-, Hohl-, Schnurwürmer, Kamptozoen, Ringelwürmer, Protracheaten, Bärtierchen, Zungenwürmer von *S. Jaeckel*. 114 Seiten, 36 Abbildungen. 1955. (439)
IV, 1: Krebse von *H. E. Gruner* und *K. Deckert*. 114 Seiten, 43 Abbildungen. 1956. (443)
IV, 2: Spinnentiere (Trilobitomorphen, Fühlerlose) und Tausendfüßler von *A. Kaestner*. 96 Seiten, 55 Abbildungen. 1955. (1161)
IV, 3: Insekten von *H. von Lengerken*. 2., verbesserte Auflage. 140 Seiten, 59 Abbildungen. 1966. (594)
V: Weichtiere. Urmollusken, Schnecken, Muscheln und Kopffüßer von *S. Jaeckel*. 92 Seiten. 34 Figuren. 1954. (440)
VI: Stachelhäuter. Tentakulaten, Binnenatmer und Pfeilwürmer von *S. Jaeckel*. 100 Seiten, 46 Abbildungen. 1955. (441)
VII, 1: Manteltiere, Schädellose, Rundmäuler von *Th. Haltenorth*. In Vorbereitung. (448)
VII, 2: Fische von *D. Lüdemann*. 130 Seiten, 65 Abbildungen. 1955. (356)
VII, 3: Lurche (Chordatiere) von *K. Herter*. 143 Seiten, 129 Abbildungen. 1955. (847)
VII, 4: Kriechtiere (Chordatiere) von *K. Herter*. 200 Seiten, 142 Abbildungen. 1960. (447/447a)
VII, 5: Vögel (Chordatiere) von *H.-A. Freye*. 156 Seiten, 69 Figuren. 1960. (869)
VII, 6: Säugetiere (Chordatiere) von *Th. Haltenorth*. In Vorbereitung. (282)

Land- und Forstwirtschaft

Landwirtschaftliche Tierzucht. Die Züchtung und Haltung der landwirtschaftlichen Nutztiere von *H. Vogel*. 139 Seiten, 11 Abbildungen. 1952. (228)

Kulturtechnische Bodenverbesserungen von *O. Fauser*. 2 Bände. 5., verbesserte und vermehrte Auflage.
I: Allgemeines, Entwässerung. 127 Seiten, 49 Abbildungen. 1959. (691)
II: Bewässerung, Ödlandkultur, Flurbereinigung. 159 Seiten, 71 Abbildungen. 1961. (692)

Agrikulturchemie von *K. Scharrer*. 2 Bände.
I: Pflanzenernährung. 143 Seiten. 1953. (329)
II: Futtermittelkunde. 192 Seiten. 1956. (330/330a)

Geologie, Mineralogie, Kristallographie

Geologie von *F. Lotze*. 3., verbesserte Auflage. 179 Seiten, 80 Abbildungen. 1965. (13/13a)

Mineral- und Erzlagerstättenkunde von *H. Huttenlocher †*. 2 Bände. 2., neubearbeitete Auflage von *P. Ramdohr*.
I: 137 Seiten, 40 Abbildungen, 2 Tabellen. 1965. (1014/1014a)
II: 135 Seiten, 41 Abbildungen. 1965. (1015/1015a)

Allgemeine Mineralogie. 11., erweiterte Auflage der „Mineralogie" von *R. Brauns* †, neubearbeitet von *K. F. Chudoba*. 152 Seiten, 143 Textfiguren, 1 Tafel, 3 Tabellen. 1963. (29/29a)

Spezielle Mineralogie. 11., erweiterte Auflage der „Mineralogie" von *R. Brauns* †, bearbeitet von *K. F. Chudoba*. 193 Seiten, 127 Textfiguren, 6 Tabellen. 1964. (31/31a)

Petrographie (Gesteinskunde) von *W. Bruhns* †. Neubearbeitet von *P. Ramdohr* 6., erweiterte Auflage. Etwa 141 Seiten, 21 Figuren. 1966. (173)

Kristallchemie von *J. Zemann*. Etwa 160 Seiten, 90 Abbildungen. 1966. (1220/1220a)

Kristallographie von *W. Bruhns* †. 6. Auflage, neubearbeitet von *P. Ramdohr*. 115 Seiten, 164 Abbildungen. 1965. (210)

Einführung in die Kristalloptik von *E. Buchwald*. 5., verbesserte Auflage. 128 Seiten. 117 Figuren. 1963. (619/619a)

Lötrohrprobierkunde. Mineraldiagnose mit Lötrohr und Tüpfelreaktion von *M. Henglein*. 4., durchgesehene und erweiterte Auflage. 108 Seiten, 12 Figuren. 1962. (483)

Technik

Graphische Darstellung in Wissenschaft und Technik von *M. Pirani.* 3., erweiterte Auflage bearbeitet von *J. Fischer* unter Benutzung der von *I. Runge* besorgten 2. Auflage. 216 Seiten, 104 Abbildungen. 1957. (728/728a)

Technische Tabellen und Formeln von *W. Müller.* 5., verbesserte und erweiterte Auflage von *E. Schulze.* 165 Seiten, 114 Abbildungen, 99 Tafeln. 1962. (579)

Einführung in die Arbeitswissenschaft von *H. H. Hilf.* 164 Seiten, 57 Abbildungen. 1964. (1212/1212a)

Grundlagen der Straßenverkehrstechnik. Theorie der Leistungsfähigkeit von *E. Engel.* 101 Seiten, 55 Abbildungen. 1962. (1198)

Elektrotechnik

Grundlagen der allgemeinen Elektrotechnik von *O. Mohr.* 3. Auflage. 260 Seiten, 136 Bilder, 14 Tafeln. 1965. (196/196a)

Die Gleichstrommaschine von *K. Humburg.* 2 Bände. 2., durchgesehene Auflage.
I: 102 Seiten, 59 Abbildungen. 1956. (257)
II: 101 Seiten, 38 Abbildungen. 1956. (881)

Die Synchronmaschine von *W. Putz.* 92 Seiten, 64 Bilder. 1962. (1146)

Induktionsmaschinen von *F. Unger.* 2., erweiterte Auflage. 142 Seiten, 49 Abbildungen. 1954. (1140)

Die komplexe Berechnung von Wechselstromschaltungen von *H. H. Meinke.* 3., neubearb. Aufl. 185 S., 126 Abb. 1965. (1156/1156a)

Theoretische Grundlagen zur Berechnung der Schaltgeräte von *F. Kesselring.* 4. Auflage. In Vorbereitung. (711)

Einführung in die Technik selbsttätiger Regelungen von *W. zur Megede.* 3., durchgesehene Aufl. 180 S., 86 Abb. 1966. In Vorb. (714/714a)

Elektromotorische Antriebe (Grundlagen für die Berechnung) von *A. Schwaiger.* 4., neubearbeitete Auflage. In Vorbereitung. (827)

Überspannungen und Überspannungsschutz von *G. Frühauf.* Durchgesehener Neudruck. 122 Seiten, 98 Abbildungen. 1950. (1132)

Elektrische Höchstspannungs-Schaltanlagen. Für Freiluft und Innenanordnung von *G. Meiners* und *K.-H. Wiesenewsky.* 138 Seiten, 58 Abbildungen. 1964. (796/796a)

Transformatoren von *W. Schäfer.* 4., überarbeitete und ergänzte Auflage. 130 Seiten, 73 Abbildungen. 1962. (952)

Maschinenbau

Thermische Verfahrenstechnik von *H. Bock.* 3 Bände.
I: Eigenschaften und Verhalten der realen Stoffe. 164 Seiten, 28 Abbildungen. 1963. (1209/1209a)
II: Funktion und Berechnung der elementaren Geräte. 195 Seiten, 54 Abbildungen. 1964. (1210/1210a)
III: Fließbilder, ihre Funktion und ihr Zusammenbau aus Geräten. 224 Seiten, 67 Abbildungen. 1965. (1211/1211a)

Technische Thermodynamik von *U. Grigull.* Mit 74 Abbildungen, 7 Tabellen. 1966. In Vorbereitung (1084/1084a)

Metallkunde von *H. Borchers*. 3 Bände.
I: Aufbau der Metalle und Legierungen. 6. Auflage. 120 Seiten, 90 Abbildungen, 2 Tabellen. 1964. (432)
II: Eigenschaften, Grundzüge der Form- und Zustandsgebung. 5., ergänzte und durchgesehene Auflage. 182 Seiten, 107 Abbildungen, 10 Tabellen. 1963. (433/433a)
III: Die metallkundlichen Untersuchungsmethoden von *E. Hanke*. In Vorbereitung (434)

Die Werkstoffe des Maschinenbaues von *A. Thum †* und *C. M. v. Meysenbug*. 2 Bände.
I: Einführung in die Werkstoffprüfung. 2., neubearbeitete Auflage. 100 Seiten, 7 Tabellen, 56 Abbildungen. 1956. (476)
II: Die Konstruktionswerkstoffe. 132 Seiten, 40 Abbildungen. 1959. (936)

Dynamik von *W. Müller*. 2 Bände. 2., verbesserte Auflage.
I: Dynamik des Einzelkörpers. 128 Seiten, 48 Figuren. 1952. (902)
II: Systeme von starren Körpern. 102 Seiten, 41 Figuren. 1952. (903)

Technische Schwingungslehre von *L. Zipperer*. 2 Bände. 2., neubearbeitete Auflage.
I: Allgemeine Schwingungsgleichungen, einfache Schwinger. 120 Seiten, 101 Abbildungen. 1953. (953)
II: Torsionsschwingungen in Maschinenanlagen. 102 Seiten, 59 Abbildungen. 1955. (961/961a)

Werkzeugmaschinen für Metallbearbeitung von *K. P. Matthes*. 2 Bände.
I: 100 Seiten, 27 Abbildungen, 11 Zahlentafeln, 1 Tafelanhang. 1954. (561)
II: Fertigungstechnische Grundlagen der neuzeitlichen Metallbearbeitung. 101 Seiten, 30 Abbildungen, 5 Tafeln. 1955. (562)

Das Maschinenzeichnen mit Einführung in das Konstruieren von *W. Tochtermann*. 2 Bände. 4. Auflage.
I: Das Maschinenzeichnen. 156 Seiten, 75 Tafeln. 1950. (589)
II: Ausgeführte Konstruktionsbeispiele. 130 Seiten, 58 Tafeln. 1950. (590)

Die Maschinenelemente von *E. A. vom Ende †*. 4., überarbeitete Auflage. 184 Seiten, 179 Figuren, 11 Tafeln. 1963. (3/3a)

Die Maschinen der Eisenhüttenwerke von *L. Engel*. 156 Seiten, 95 Abbildungen. 1957. (583/583a)

Walzwerke von *H. Sedlaczek †* unter Mitarbeit von *F. Fischer* und *M. Buch*. 232 Seiten, 157 Abbildungen. 1958. (580/580a)

Getriebelehre von *P. Grodzinski †*. 2 Bände. 3., neubearbeitete Auflage von *G. Lechner*.
I: Geometrische Grundlagen. 164 S., 131 Fig. 1960. (1061)
II: Angewandte Getriebelehre. In Vorbereitung. (1062)

Kinematik von *H. R. Müller*. 171 Seiten, 75 Figuren. 1963. (584/584a)

Gießereitechnik von *H. Jungbluth*. 2 Bände.
I: Eisengießerei. 126 Seiten, 44 Abbildungen. 1951. (1159)

Die **Dampfkessel** einschließlich Feuerungen und Hilfseinrichtungen. Physikalische und chemische Grundlagen, Berechnung und Konstruktion, Vorschriften und Beispiele von *W. Marcard*. 3., neubearbeitete Auflage von *G. Beyer*. 2 Bände.
- I: Physikalische und chemische Grundlagen, Wärmelehre, Wärmeübertragung, Verbrennung. 133 Seiten, 35 Bilder, 26 Tabellen. 1964. (9/9a)
- II: Berechnung und Konstruktion, Dampfkessel, Hilfseinrichtungen. Feuerungen, Berechnungen. Etwa 120 Seiten, 45 Bilder. 1966. (521/521a)

Die **Dampfturbinen.** Ihre Wirkungsweise, Berechnung und Konstruktion von *C. Zietemann*. 3 Bände.
- I: Theorie der Dampfturbinen. 4. Auflage. 139 Seiten, 48 Abbildungen. 1966. In Vorbereitung. (274)
- II: Die Berechnung der Dampfturbinen und die Konstruktion der Einzelteile. 4., verbesserte Auflage. 132 Seiten, 111 Abbildungen. 1966. In Vorbereitung. (715)
- III: Die Regelung der Dampfturbinen, die Bauarten, Turbinen für Sonderzwecke, Kondensationsanlagen. 3., verbesserte Auflage. 126 Seiten, 90 Abbildungen. 1956. (716)

Verbrennungsmotoren von *W. Endres*. 3 Bände.
- I: Überblick. Motor-Brennstoffe. Verbrennung im Motor allgemein, im Otto- und Diesel-Motor. 153 Seiten, 57 Abbildungen. 1958. (1076, 1076a)
- II: Gaswechselvorgang. Aufladen. Leistung, mittl. Druck, Reibung. Wirkungsgrade und Kraftstoffverbrauch. Etwa 170 Seiten, 61 Abbildungen. 1966. (1184/1184a)
- III: Die Einzelteile des Verbrennungsmotors. In Vorbereitung. (1185/1185a)

Autogenes Schweißen und Schneiden von *H. Niese*. 5. Auflage, neubearbeitet von *A. Küchler*. 136 Seiten, 71 Figuren. 1953. (499)

Die **elektrischen Schweißverfahren** von *H. Niese*. 2. Auflage, neubearbeitet von *H. Dienst*. 136 Seiten, 58 Abbildungen. 1955. (1020)

Die **Hebezeuge.** Entwurf von Winden und Kranen von *G. Tafel*. 2., verbesserte Auflage. 176 Seiten, 230 Figuren. 1954. (414/414a)

Vermessungswesen

Vermessungskunde von *W. Großmann*. 3 Bände.
- I: Stückvermessung und Nivellieren. 12., verbesserte Auflage. 156 Seiten, 122 Figuren. 1965. (468)
- II: Horizontalaufnahmen und ebene Rechnungen. 9., verbesserte Auflage. 136 Seiten, 101 Figuren. 1963. (469)
- III: Trigonometrische und barometrische Höhenmessung. Tachymetrie und Absteckungen. 8., verbesserte Auflage. 140 Seiten, 102 Figuren. 1965. (862)

Kartographie von *V. Heissler*. 2. Auflage. 213 Seiten, 125 Abb., 8 Anlagen. 1966. (30/30a)

Photogrammetrie von *G. Lehmann*. 2., verbesserte und erweiterte Auflage. 205 Seiten, 136 Abbildungen. 1966. (1188/1188a)

Wasserbau

Wasserkraftanlagen von *A. Ludin* unter Mitarbeit von *W. Borkenstein*. 2 Bände.
I: Planung, Grundlagen und Grundzüge. 124 Seiten, 60 Abbildungen. 1955. (665)
II: Anordnung und Ausbildung der Hauptbauwerke. 184 Seiten, 91 Abbildungen. 1958. (666/666a)

Verkehrswasserbau von *H. Dehnert*. 3 Bände.
I: Entwurfsgrundlagen, Flußregelungen. 103 Seiten, 53 Abbildungen. 1950. (585)
II: Flußkanalisierung und Schiffahrtskanäle. 94 Seiten, 60 Abbildungen. 1950. (597)
III: Schleusen und Hebewerke. 98 Seiten, 70 Abbildungen. 1950. (1152)

Wehr- und Stauanlagen von *H. Dehnert*. 134 Seiten, 90 Abbildungen. 1952. (965)

Talsperren von *F. Tölke*. 122 Seiten, 70 Abbildungen. 1953. (1044)

Hoch- und Tiefbau

Die wichtigsten Baustoffe des Hoch- und Tiefbaus von *O. Graf †*. 4., verbesserte Auflage. 131 Seiten, 63 Abbildungen. 1953. (984)

Baustoffverarbeitung und Baustellenprüfung des Betons von *A. Kleinlogel*. 2., neubearbeitete und erweiterte Auflage. 126 Seiten, 35 Abbildungen. 1951. (978)

Festigkeitslehre. 2 Bände.
I: Elastizität, Plastizität und Festigkeit der Baustoffe und Bauteile von *W. Gehler †* und *W. Herberg*. Durchgesehener und erweiterter Neudruck. 159 Seiten, 118 Abbildungen. 1952. (1144)
II: Formänderung, Platten, Stabilität und Bruchhypothesen von *W. Herberg* und *N. Dimitrov*. 187 Seiten, 94 Abbildungen. 1955. (1145/1145a)

Grundlagen des Stahlbetonbaues von *A. Troche*. 2., neubearbeitete und erweiterte Auflage. 208 Seiten, 75 Abbildungen, 17 Bemessungstafeln, 20 Rechenbeispiele. 1953. (1078)

Statik der Baukonstruktionen von *A. Teichmann*. 3 Bände.
I: Grundlagen. 101 Seiten, 51 Abbildungen, 8 Formeltafeln. 1956. (119)
II: Statisch bestimmte Stabwerke. 107 Seiten, 52 Abbildungen, 7 Tafeln. 1957. (120)
III: Statisch unbestimmte Systeme. 112 Seiten, 34 Abbildungen, 7 Formeltafeln. 1958. (122)

Fenster, Türen, Tore aus Holz und Metall. Eine Anleitung zu ihrer guten Gestaltung, wirtschaftlichen Bemessung und handwerksgerechten Konstruktion von *W. Wickop †*. 5. Auflage geplant. (1092)

TECHNIK

Heizung und Lüftung von *W. Körting*. 2 Bände. 9., neubearbeitete Auflage.

I: Das Wesen und die Berechnung der Heizungs- und Lüftungsanlagen. 171 Seiten, 29 Abbildungen, 36 Zahlentafeln. 1962. (342/342a)

II: Die Ausführung der Heizungs- und Lüftungsanlagen. 1966. In Vorbereitung. (343)

Industrielle Kraft- und Wärmewirtschaft von *F. A. F. Schmidt* und *A. Beckers*. 167 Seiten, 73 Abbildungen. 1957. (318/318a)

Sammlung Göschen / Bandnummernfolge

1 Langosch, Der Nibelunge Nôt
3/3a v. Ende, Maschinenelemente
9/9a Marcard-Beyer, Dampfkessel I
10 Jiriczek-Wisniewski, Kudrun und Dietrich-Epen
13/13a Lotze, Geologie
18 Maurer, Hartmann von Aue, Der arme Heinrich
19 Altheim, Römische Geschichte I
20 Hofstaetter, Dt. Sprachlehre
22 Maurer, Gottfried von Strassburg
29/29a Brauns-Chudoba, Allgemeine Mineralogie
30/30a Heissler, Kartographie
31/31a Brauns-Chudoba, Spezielle Mineralogie
32 Schneider-Wisniewski, Deutsche Heldensage
35 Treue, Dt. Geschichte von 1648—1740
37/37a Klemm, Anorganische Chemie
38/38a Schlenk, Organische Chemie
39 Treue, Dt. Geschichte von 1713—1806
42 Behn-Hoernes, Vorgeschichte Europas
44 Kresze, Physikalische Methoden in der Organischen Chemie I
45/45a Kresze, Physikalische Methoden in der Organischen Chemie II
47 Fischer-Rohrbach, Arithmetik
51/51a Ringleb, Mathem. Formelsammlung
52 Bieler, Röm. Literaturgesch. I
59 Krahe, Indog. Sprachwiss. I
60 Biehle, Stimmkunde
61 Biehle, Redetechnik
64 Krahe, Indog. Sprachwiss. II
65/65a Grotemeyer, Analyt. Geometrie
66 Berneker-Vasmer, Russische Grammatik
70 Nestle-Liebich, Gesch. d. griechischen Literatur I
71 Schulze, Allgemeine und physikalische Chemie I
76 Döring, Einf. i. d. th. Physik I
77 Döring, Einf. i. d. th. Physik II
78 Döring, Einf. i. d. th. Physik III
79/79a Hempel, Got. Elementarbuch
80 Weigert, Stilkunde I
81 Schubert-Haussner-Erlebach Vierstell. Logarithmentafeln
86 Barner, Differential- u. Integralrechnung I
96 Hartmann, Einf. in die allgem. Biologie

99 Hessenberg-Kneser, Ebene und sphär. Trigonometrie
101 v. Wiese, Soziologie
103 Dahrendorf, Industrie- und Betriebssoziologie
104/104a Hofstätter, Sozialpsychologie
111 Hoffmann-Debrunner, Gesch. der griechischen Sprache I
114 Debrunner, Gesch. der griechischen Sprache II
117 Brandenstein, Griechische Sprachwissenschaft I
118/118a Brandenstein, Griechische Sprachwissenschaft II
119 Teichmann, Statik der Baukonstruktionen I
120 Teichmann, Statik der Baukonstruktionen II
122 Teichmann, Statik der Baukonstruktionen III
128/128a Lausberg, Romanische Sprachwissenschaft I
136 Mahler-Graewe, Physikal. Formelsammlung
141 Geitler, Morphologie der Pflanzen
142 Haack, Darst. Geometrie I
143 Haack, Darst. Geometrie II
144 Haack, Darst. Geometrie III
145/145a Weimer, Gesch. der Pädagogik
148 Kolms, Finanzwissenschaft I
156/156a Landmann, Philosophische Anthropologie
170 Oehlmann, Musik des 19. Jhs.
171/171a Oehlmann, Musik des 20. Jhs.
173 Bruhns-Ramdohr, Petrographie
174 Schlingloff, Religion des Buddhismus I
180 Böhm, Versicherungsmathematik I
184 Blümcke, Textilindustrie I
196/196a Mohr, Grundlagen der allgem. Elektrotechnik
200/200a Gottschald, Dt. Rechtschreibungswörterbuch
210 Bruhns-Ramdohr, Kristallographie
220/220a Moser, Allg. Musiklehre
221/221a Jander-Jahr-Knoll, Maßanalyse
222 Hassak-Beutel-Kutzelnigg, Warenkunde I
223 Hassak-Beutel-Kutzelnigg, Warenkunde II
226/226a Hofmann, Gesch. der Mathematik I
228 Vogel, Landw. Tierzucht
231/231a Ehrlich, Gesch. Israels
238 Krahe, Germ. Sprachwiss. I
243 Mahler-Graewe, Physikal. Aufgabensammlung
247/247a Hofmann-Jander, Qualitative Analyse
250 Lausberg, Romanische Sprachwissenschaft II
252 Vetter, Elektrochemie I
253 Vetter, Elektrochemie II
257 Humburg, Gleichstrommaschine I
264 Lockemann, Gesch. der Chemie I
265/265a Lockemann, Geschichte der Chemie II
270 Kirn, Einführung in die Geschichtswissenschaft
274 Zietemann, Dampfturbinen I
279 Jacob-Hohenleutner, Quellenkunde der deutschen Geschichte I
280 Jacob-Hohenleutner, Quellenkunde der deutschen Geschichte II
281 Leisegang, Einführung in die Philosophie
282 Haltenorth, Säugetiere
284 Jacob-Weden, Quellenkunde der deutschen Geschichte III
318/318a Schmidt-Beckers, Industrielle Kraft- u. Wärmewirtschaft
319 Krug, Australien und Ozeanien
329 Scharrer, Agrikulturchemie I
330/330a Scharrer, Agrikulturchemie II
335 Klug, Fette und Öle
336 Braun-Klug, Seifenfabrikation
342/342a Körting, Heizung und Lüftung I

343 Körting, Heizung und Lüftung II
344 Moser, Musikästhetik
354/354a Valentiner-König, Vektoren und Matrizen
355 Neger-Münch-Huber, Nadelhölzer
356 Lüdemann, Fische
374 Döring, Einf. i. d. th. Physik IV
375 Preller, Geschichte Englands I
389/389a Diels-Mattick, Pflanzengeographie
391 Kolms, Finanzwissenschaft II
394/394a Schilling, Von der Renaissance bis Kant
414/414a Tafel, Hebezeuge
422 Gottschald, Dt. Personennamen
423 Adler-Erlebach, Fünfstellige Logarithmen
432 Borchers, Metallkunde I
433/433a Borchers, Metallkunde II
434 Borchers-Hanke, Metallkunde III
435 Burau, Algebr. Kurven u. Flächen I
436/436a Burau, Algebr. Kurven und Flächen II
439 Jaeckel, Würmer
440 Jaeckel, Weichtiere
441 Jaeckel, Stachelhäuter
442 Hannemann, Schwämme und Hohltiere
443 Gruner-Deckert, Krebse
444 Reichenow Einzeller
445 Asmus, Physikal.-chem. Rechenaufgaben
447/447a Herter, Kriechtiere
448 Haltenorth, Manteltiere
452 Bahrdt-Scheer, Stöchiometrische Aufgabensammlung
468 Großmann, Vermessungskunde I
469 Großmann, Vermessungskunde II
476 Thum-Meysenbug, Die Werkstoffe des Maschinenbaues I
483 Henglein, Lötrohrprobierkunde
492/492a Stolz-Debrunner-Schmid Geschichte der lateinischen Sprache
499 Niese-Küchler, Autogenes Schweißen
500 Simmel, Hauptprobleme der Philosophie
521/521a Marcard-Beyer, Dampfkessel II
536 Lehmann, Kant
538 Rumpf, Archäologie I
539 Rumpf, Archäologie II
540 Rumpf, Archäologie III
557 Nestle-Liebich, Gesch. der griech. Literatur II
561 Matthes, Werkzeugmaschinen I
562 Matthes, Werkzeugmaschinen II
564 Behn-Hoernes, Kultur der Urzeit I
565 Behn-Hoernes, Kultur der Urzeit II
566 Behn-Hoernes, Kultur der Urzeit III
571 Lehmann, Philosophie des 19. Jahrhunderts I
576/576a Moser, Gesangskunst
579 Müller-Schulze, Techn. Tabellen
580/580a Sedlaczek-Fischer-Buch, Walzwerke
583/583a Engel, Maschinen der Eisenhüttenwerke
584/584a Müller, Kinematik
585 Dehnert, Verkehrswasserbau I
587 Kalitsunakis-Steinmetz, Neugriech.-dt. Gesprächsbuch
589 Tochtermann, Maschinenzeichnen I
590 Tochtermann, Maschinenzeichnen II
594 v. Lengerken, Insekten
597 Dehnert, Verkehrswasserbau II
601 Mutschmann-Scherer, Engl. Phonetik
608/608a/608b Erman-Krückmann, Hieroglyphen
619/619a Buchwald, Kristalloptik
665 Ludin-Borkenstein, Wasserkraftanlagen I
666/666a Ludin-Borkenstein, Wasserkraftanlagen II

668 Knopp, Funktionentheorie I
677 Altheim, Röm. Geschichte II
679 Altheim, Röm. Geschichte III
684 Altheim. Röm. Geschichte IV
691 Fauser, Kulturtechn. Bodenverbesserungen I
692 Fauser, Kulturtechn. Bodenverbesserungen II
698/698a Schulze Allgemeine u. physikalische Chemie II
703 Knopp, Funktionentheorie II
708/708a/708b Meissner-Oberhuber, Keilschrift
709 Lehmann, Philosophie des 19 Jahrhunderts II
711 Kesselring, Berechnung der Schaltgeräte
714/714a zur Megede, Technik selbsttätiger Regelungen
715 Zietemann, Dampfturbinen II
716 Zietemann, Dampfturbinen III
718 Neger-Münch-Huber, Laubhölzer
728/728a Pirani-Fischer-Runge, Graph. Darstellung in Wissenschaft u. Technik
735 Ekwall, Historische neuengl. Laut- und Formenlehre
746/746a Pfanzagl, Allg. Methodenlehre der Statistik I
747/747a Pfanzagl, Allg. Methodenlehre der Statistik II
756/756a Kalitsunakis, Gramm. d. Neugriech. Volksspr.
763/763a/763b Meyer, Hebräische Grammatik I
764/764a/764b Meyer, Hebräische Grammatik II
765/765a/765b Meyer, Hebräische Grammatik III
768/768a Bieberbach, Einführung in die konforme Abbildung
769/769a Beer-Meyer, Hebräisches Textbuch
770 Schlingloff, Religion des Buddhismus II
776 Kolms, Finanzwissensch. III
780 Krahe, Germ. Sprachwiss. II
781 Weigert. Stilkunde II
782/782a Kolms, Finanzwissenschaft IV
786 Schulze, Molekülbau
796/796a Meiners-Wiesenewsky, Elektr. Höchstspannungs-Schaltanlagen
807 Kropp, Erkenntnistheorie
809 Moser Harmonielehre I
810 Moser Harmonielehre II
826 Koch, Philosophie d. Mittelalters
827 Schwaiger, Elektromotorische Antriebe
831 Erismann, Allg. Psychologie I
832/832a Erismann, Allg. Psychologie II
833 Erismann, Allg. Psychologie III
834/834a Erismann, Allg. Psychologie IV
837/837a Baumgartner, Gruppentheorie
845 Lehmann, Philosophie im ersten Drittel des 20. Jhs. I
847 Herter, Lurche
850 Lehmann, Philosophie im ersten Drittel des 20 Jhs. II
851/851a Moede, Psychologie des Berufs- und Wirtschaftslebens
857 Capelle, Griech. Philosophie I
858 Capelle, Griech. Philos. II
859 Capelle, Griech. Philos. III
862 Großmann, Vermessungskunde III
863 Capelle, Griech. Philos. IV
866 Bieler, Röm. Literaturgeschichte II
869 Freye, Vögel
875 Hofmann, Geschichte der Mathematik II
877 Knopp, Aufgabensammlung zur Funktionentheorie I
878 Knopp, Aufgabensammlung zur Funktionentheorie II
881 Humburg, Gleichstrommaschine II
882 Hofmann, Geschichte der Mathematik III
883 Stuloff, Mathematik der neuesten Zeit

893 Treue, Dt. Geschichte von 1806—1890
894 Treue, Dt. Geschichte von 1890 bis zur Gegenwart
902 Müller, Dynamik I
903 Müller, Dynamik II
910 Jaeger, Afrika I
911 Jaeger, Afrika II
915 Sperber-v. Polenz, Gesch. der Deutschen Sprache
917/917a Böhm, Versicherungsmathematik II
920/920a Hoheisel, Gewöhnliche Differentialgleichungen
921 Jantzen-Kolb, W. v. Eschenbach. Parzival
924/924a Brandenstein, Griechische Sprachwissenschaft III
929 Schirmer-Mitzka, Dt. Wortkunde
930 Krull, Elementare und klassische Algebra I
931 Hasse, Höhere Algebra I
932 Hasse, Höhere Algebra II
933 Krull, Elementare und klassische Algebra II
936 Thum-Meysenbug, Werkstoffe d. Maschinenbaues II
942/942a Damerau, Polnische Grammatik
952 Schäfer, Transformatoren
953 Zipperer, Techn. Schwingungslehre I
961/961a Zipperer, Techn. Schwingungslehre II
965 Dehnert, Wehr- und Stauanlagen
970/970a Baldus-Löbell, Nichteuklidische Geometrie
972/972a Herter-Urich, Vergleichende Physiologie der Tiere I
973 Herter-Birukow, Vergleichende Physiologie der Tiere II
978 Kleinlogel, Baustoffverarbeitung und Baustellenprüfung d. Betons
984 Graf, Baustoffe des Hoch- und Tiefbaues
999/999a Kamke, Mengenlehre
1000 Jaspers, Geistige Situat. der Zeit
1003 Hoheisel, Partielle Differentialgleichung
1008/1008a Mellerowicz, Allgem. Betriebswirtschaftslehre I
1009 Bechert-Gerthsen-Flammersfeld, Atomphysik I
1014/1014a Huttenlocher-Ramdohr, Mineral- und Erzlagerstättenkunde I
1015/1015a Huttenlocher-Ramdohr, Mineral- u. Erzlagerstättenkunde II
1017 Döring, Einf. i. d. th. Physik V
1020 Niese-Dienst, Elektrische Schweißverfahren
1031/1031a Apel-Ludz, Philosophisches Wörterbuch
1033 Bechert-Gerthsen-Flammersfeld, Atomphysik II
1034 Kranefeldt-Jung Therapeutische Psychologie
1035 Altheim, Röm. Religionsgeschichte I
1039 Dovifat, Zeitungslehre I
1040 Dovifat, Zeitungslehre II
1044 Tölke, Talsperren
1045 Schubert, Technik des Klavierspiels
1051/1051a Stolberg-Wernigerode, Gesch. d. Vereinigten Staaten
1052 Altheim, Röm. Religionsgeschichte II
1059/1059a Hoheisel, Aufgabenslg. z. d. gew. u. part. Differentialgleichungen
1061 Grodzinski-Lechner, Getriebelehre I
1062 Grodzinski-Lechner, Getriebelehre II
1065 Haller-Dannenbauer, Von d. Karolingern zu den Staufern
1070 Sauter, Differentialgleichungen der Physik
1074 Koschmieder, Variationsrechnung I
1075 Koschmieder, Variationsrechnung II
1076/1076a Endres, Verbrennungsmotoren I

1077 Haller-Dannenbauer, Von den Staufern zu den Habsburgern
1078 Troche, Stahlbetonbau
1082 Hasse-Klobe, Aufgabensammlung zur höheren Algebra
1084/1084a Grigull, Techn. Thermodynamik
1085 Lietzmann-Aland, Zeitrechnung
1086 Müller, Dt. Dichten und Denken
1088 Preller, Gesch. Englands II
1092 Wickop, Fenster, Türen, Tore
1094 Hernried, System, Modulation
1096 Viëtor, Dt. Dichten und Denken
1099 Hoheisel, Integralgleichungen
1105 Hartung, Dt. Geschichte im Zeitalter der Reformation
1108 de Boor-Wisniewski, Mittelhochdeutsche Grammatik
1109 Knopp, Elemente der Funktionentheorie
1111/1111a Naumann-Betz, Althochdt. Elementarbuch
1113/1113a Strubecker, Differentialgeometrie I
1114 Schubel, Engl. Literaturgeschichte I
1115/1115a Ranke-Hofmann, Altnord. Elementarbuch
1116 Schubel, Engl. Literaturgeschichte II
1117 Haller-Dannenbauer, Eintritt der Germanen in die Geschichte
1121 Naumann, Dt. Dichten u. Denken
1122 Feist, Sprechen und Sprachpflege
1123/1123a Bechert-Gerthsen-Flammersfeld, Atomphysik III
1124 Schubel, Engl. Literaturgeschichte III
1125 Lehnert, Altengl. Elementarbuch
1127 Hartmann, Geschlecht u. Geschlechtsbestimmung im Tier und Pflanzenreich
1128 Buchner, Symbiose d. Tiere
1130 Dibelius-Kümmel, Jesus
1131 Scholz-Schoeneberg, Einführung in die Zahlentheorie
1132 Frühauf, Überspannungen
1134 Kuckuck, Pflanzenzüchtung I
1135 Lehnert, Beowulf
1137 Heil, Entwicklungsgesch. d. Pflanzenreiches
1138 Hämmerling, Fortpflanzung im Tier- und Pflanzenreich
1140 Unger, Induktionsmaschine
1141 Koller Hormone
1142 Meissner-Lehnert, Shakespeare
1144 Gehler-Herberg, Festigkeitslehre I
1145/1145a Herberg-Dimitrov, Festigkeitslehre II
1146 Putz, Synchronmaschine
1147 v. Waltershausen, Kunst d. Dirigierens
1148 Pepping, Der polyphone Satz I
1152 Dehnert, Verkehrswasserbau III
1153/1153a Mellerowicz, Allgem. Betriebswirtschaftslehre II
1154/1154a Mellerowicz, Allgem. Betriebswirtschaftslehre III
1155 Schwartz, Mikrobiologie I
1156/1156a Meinke, Komplexe Berechnungen v. Wechselstromschaltungen
1157 Schwartz, Mikrobiologie II
1158/1158a Mayrhofer, Sanskrit-Grammatik
1159 Jungbluth, Gießereitechnik I
1160 Dibelius-Kümmel, Paulus
1161 Kaestner, Spinnentiere
1162 Seidel, Entwicklungsphysiologie der Tiere I
1163 Seidel, Entwicklungsphysiologie der Tiere II
1164/1164a Pepping, Der polyphone Satz II

1165/1165a Bechert-Gerthsen-Flammersfeld Atomphysik IV
1169 Paulsen, Allgemeine Volkswirtschaftslehre I
1170 Paulsen, Allgemeine Volkswirtschaftslehre II
1171 Paulsen, Allgemeine Volkswirtschaftslehre III
1172 Paulsen, Allgemeine Volkswirtschaftslehre IV
1173/1173a Hamann-Funke-Hermann, Chemie der Kunststoffe
1176/1176a Lorenzen, Form Logik
1178/1178a Kuckuck, Pflanzenzüchtung II
1179/1179a Strubecker Differentialgeometrie II
1180/1180a Strubecker, Differentialgeometrie III
1181 Franz, Topologie I
1182/1182a Franz, Topologie II
1183/1183a Nicolas, Finanzmathematik
1184/1184a Endres, Verbrennungsmotoren II
1185/1185a Endres, Verbrennungsmotoren III
1186/1186a Mellerowicz, Allgem. Betriebswirtschaftslehre IV
1187 Lau, Luther
1188/1188a Lehmann, Photogrammetrie
1189/1189a Päsler, Mechanik
1190 Stupperich. Melanchthon
1191/1191a Bräuer, Slav. Sprachwissenschaft I
1193 Fürstenberg, Wirtschaftssoziologie
1194 Wendt, Gesch. d. Volkswirtschaftslehre
1195 Ohm Allgem. Volkswirtschaftspolitik I
1196 Ohm, Allgem. Volkswirtschaftspolitik II
1197/1197a Onasch, Einf. in die Konfessionskunde der orthodoxen Kirchen
1198 Engel, Straßenverkehrstechnik
1199 Lausberg, Romanische Sprachwissenschaft III, 1. Teil
1200/1200a Lausberg, Romanische Sprachwissenschaft III, 2. Teil
1201/1201a Dehn, Versuche zur allgem. u. phys. Chemie
1202/1202a Nagel, Gesch. des christl. Gottesdienstes
1203 Wendland, Sozialethik
1204 Scheurig, Zeitgeschichte
1205/1205a Hofmann Ideengeschichte d. soz. Bewegung
1206/1206a Langen Lineare Programmierung
1208 Lausberg, Romanische Sprachwissenschaft IV
1209/1209a Bock, Therm. Verfahrenstechnik I
1210/1210a Bock. Therm. Verfahrenstechnik II
1211/1211a Bock, Therm. Verfahrenstechnik III
1212/1212a Hilf, Arbeitswissenschaft
1213/1213a Kosiol, Buchhaltung und Bilanz
1216/1216a Bauer, Wahrscheinlichkeitstheorie I
1217 Bauer, Wahrscheinlichkeitstheorie II
1218/1218a/1218b Meid, Germ. Sprachwiss. III
1219 Schmidt-Clausing, Zwingli
1220/1220a Zemann, Kristallchemie
1221 Gerdes, Kierkegaard
1222 Tschižewskij, Slav. Literaturen I
1223 Tschižewskij, Slav. Literaturen II

Autorenregister

Printed in Germany 150. II. 66

FSC
www.fsc.org
MIX
Papier | Fördert gute Waldnutzung
FSC® C083411

Zeitfracht Medien GmbH
Ferdinand-Jühlke-Straße 7
99095 Erfurt, Deutschland
produktsicherheit@kolibri360.de